数学への招待

分数と小数から広がる
整数の世界

フェルマーの小定理から
アルチン予想まで

中島匠一 著

JN144148

技術

はじめに

　本書の読者はすでに大人のかたでしょう．そして，皆さんが大人になるまでには，たくさんの数と出会い，数の計算に親しんできたと思われます．小学校で整数の足し算・引き算・掛け算を習い，割り算が登場して，「分数」についても学んだはずです．さらに，中学校では実数を小数で表すことが登場し，数が無限に続く小数も扱ってきたでしょう．そして，抽象的思考ができるようになると，計算を離れた「理論」にも触れて，「有理数以外に無理数が存在する」ことの証明を読んだと思います．このように，大人になるまでに数について学ぶことは，意外と多いのです．

　この状況で，筆者には，日ごろから残念に思っていることがあります．それは，数の計算が単なる「計算技術」として"教え込まれる"だけになっているのではないか，ということです．たとえば整数の掛け算や割り算の計算を学ぶときに，「これは，（たとえ苦しくてもマスターしなくてはならない）基本技能なのだ」と言われて，計算法をたたき込まれている，のではないでしょうか．もちろん，そのような「修業」が必要なことも確かではあります．口でごちゃごちゃ言うだけでは「技能」は身に付かないし，大人になって簡単な計算ができないのでは，困るのは本人，ということになってしまいます．したがって，計算技術をマスターすることを強制するのは，保護者や教師の親心ともいえるでしょう．

　計算技術には実用上の利益がありますが，それ以外にも使い道はたくさんあります．筆者は（一応）「数学の専門家」であって，

整数論を研究しています．その立場からは，整数の計算ができる
なら，あれこれと"楽しめる"数学の素材はたくさんあることを
知っています．しかし，「数学が楽しい」などと発言するとびっ
くりする人が多い現状から見ると，それらの素材はあまり知られ
ていないようです．数学に対する「残念な評価」を打破したい，
という願いから，本書が生まれました．

　有理数（分数，といってもいいです）を小数で表すと循環小数
というものが登場します．この循環小数のまわりに，いろいろと
面白い現象が生じてきます．しかも，それらの現象を解明するの
に必要な計算技術は，整数の計算だけで，小学生でもできる範囲
のものです．（ただし，解明のために何だかんだと考察を加える
には少し抽象的思考が必要で，小学生には難しいかもしれませ
ん．）循環小数は数学を楽しむための格好の教材だと思いますが，
教えるべきことの多い学校教育では取り上げられる機会がないよ
うです．そこで，循環小数について詳しく説明してみよう，とい
うのが本書の狙いです．

　筆者の個人的見解ではありますが，一般に学校教育が「つまら
ない」などと言われるのは，「問題を言わずに答えだけを提示する」
からです．教科書に載っているような事柄はどれも「すごい成果」
なわけです．そして，その「成果」が「すごい」のは，たいてい
「（何らかの）問題にズバリと答えることができる」からです．自
力では解決できない問題に答えてくれるからこそ，「学習する意
義がある」と感じられるわけです．ですから，本書ではなるべく，
「まず問題を出して，その後に問題の答えを解説する」という方

式をとりました．読者には，「まず問題を見て，答えを自分で考えてみる」ことをお勧めします．自分で考えて答えにたどり着ければ，大きな充実感が味わえます．また，自分で解けなかった場合は解説を読んで理解するのも楽しい体験です．いずれにしても「答えられなかった問題に答えられるようになった」わけですから，「自分のレベルが上がった」ということになります．

　以下，本書の構成について説明します．まず，第1章では，とてもきれいな性質をみたす「不思議な数」を提示します．この数の"秘密"を解明するのが最初の目標です．謎の解明に関わっているのが循環小数で，それを第3章で解説します．第2章では，循環小数の説明の準備段階として，小数について復習します（小数について十分な知識のある読者は，第2章を飛ばして読んでください）．第4章では，循環小数から生じる新たな問題を提示します（この問題も面白いですよ）．この新たな問題の解決のためには，「整数の合同」という考え方が非常に有効です．第5章で「整数の合同」を説明します（整数の合同は，最近高校の数学にも取り入れられました）．さらに，第6章で，合同式を利用して循環小数の"秘密"を明らかにします．

　第6章までは「予備知識ナシ」で読めるように書いてありますが，第7章は一転して「難しい数学」のお話です．合同式に関連して「原始根」というものが登場しますが，それについて，アルチン（Emil Artin）という数学者が1つの予想を立てました．（数学では，成り立つと思われるのだけれど誰も証明できていない，という主張を予想（conjecture）と呼ぶことが多いです．）アル

チン予想の内容を理解するためにはそれほど難しいことは必要ないのですが，その研究には多くの「高度な」数学が活用されています．その様子が大変興味深いと思うので，第7章で取り上げてみました．

本書の内容は，初等整数論と呼ばれている分野への入門になっています．本書で初等整数論に興味をもっていただけたら，ぜひ，さらに進んだ内容を学習してみてください．そのための教科書はたくさんありますが，本書の最後にいくつかの参考文献をあげておきました．（本文中でも，参考文献の参照箇所を紹介しています．）

循環小数は，筆者が「数学入門」に適していると感じるテーマの一つで，一般向け講演のテーマとして何度か取り上げたものです．技術評論社・書籍編集部の成田恭実さんが講演に興味を持ってくれたことで，この本が出版されることになりました．本書を企画し，編集作業にも尽力してくれた成田さんに，この場を借りて感謝させていただきます．

平成 28 年 9 月 28 日

中島匠一

目 次

はじめに ･･･ 3

第1章　不思議な数　　　　　　　　　　　　　　　　9

1.1　不思議な数：その1 ･･････････････････････････ 10

1.2　小さな不思議 ････････････････････････････････ 18

1.3　不思議がおきない数 ････････････････････････ 20

1.4　不思議な数：その2 ････････････････････････ 22

コラム1：二進数と完全数（前編）･･････････････ 26

第2章　小数に関するまとめ　　　　　　　　　　27

2.1　整数の表記 ･･････････････････････････････････ 28

2.2　整数部分と小数部分 ････････････････････････ 33

2.3　十進法での小数 ････････････････････････････ 39

2.4　有限小数 ････････････････････････････････････ 45

コラム2：二進数と完全数（中編）･･････････････ 52

第3章　種明かし：循環小数　　　　　　　　　　53

3.1　不思議の解明：前編 ････････････････････････ 54

3.2　不思議の解明：後編 ････････････････････････ 57

3.3　「不思議な数：その2」も同じこと ････････････ 62

3.4　循環小数と純循環小数 ････････････････････ 65

3.5　循環小数と有理数 ････････････････････････ 71

3.6　「小さな不思議」について ･････････････････ 82

コラム3：二進数と完全数（後編）･･････････････ 90

第4章　新たな問題：循環小数の循環節　　　　91

4.1　$1/p$ の小数表示 ････････････････････････････ 92

4.2　循環節の長さを考える ････････････････････ 95

7

4.3　新たな問題 ･･･ 99

第5章　合同式の導入　　　　　　　　　　　　103
　　5.1　整数に関するまとめ ･･････････････････････････････ 104
　　5.2　「曜日」と合同式 ････････････････････････････････････ 109
　　5.3　整数の合同の基本事項 ･･････････････････････････ 113

コラム4：「同じ」とは，何か？（前編）･･････････････････ 120

第6章　循環小数と合同式　　　　　　　　　　　121
　　6.1　結果のまとめ ･･ 122
　　6.2　フェルマーの小定理 ････････････････････････････････ 128
　　6.3　純循環小数 ･･ 137
　　6.4　「小さな不思議」と合同式 ････････････････････････ 141

第7章　原始根とアルチン予想　　　　　　　　　145
　　7.1　アルチン予想の紹介 ････････････････････････････････ 146
　　7.2　原始根 ･･ 150
　　7.3　本来のアルチン予想 ･･････････････････････････････ 153
　　7.4　リーマン予想とアルチン予想 ････････････････････ 156

コラム5：「同じ」とは，何か？（後編）･･････････････････ 160

第8章　練習問題の解答　　　　　　　　　　　　161
　　8.1　練習問題 2.26 ･･ 162
　　8.2　練習問題 5.11 ･･ 162
　　8.3　練習問題 5.13 ･･ 162
　　8.4　練習問題 6.48 ･･ 163
　　8.5　練習問題 6.57 ･･ 165
　　8.6　練習問題 6.58 ･･ 165

関連図書 ･･ 169
索引 ･･･ 170
著者プロフィール ･･ 175

第1章
不思議な数

1.1 不思議な数：その1

いきなりですが，

$$142857$$

という整数は，とても不思議な数です．といっても，ただこの数をにらんでいただけでは「不思議」は見えてこないでしょう．不思議を知るためには，少し作業が必要です．作業の内容は，「142857の倍数を計算すること」です．整数 142857 は 6 個の数字からなっているので，6 倍まで計算してみましょう．具体的には，まず，次の表の空欄を埋めてみてください．

n	142857
$2n$	
$3n$	
$4n$	
$5n$	
$6n$	

表 1.1

念のために，表の意味を解説しておきましょう．最初の項が $n = 142857$ であることを示しているので，

$$2n = 2 \times 142857 = 285714$$

となり，$2n$ の右の空欄には 285714 が入るわけです．同じように計算していけば，表の空欄が埋められます．

読者には，まず自分で計算して空欄を埋めることをお勧めします．そうすれば，自然と「不思議」が見えてくるかもしれません．

さて，計算を実行すれば，表1.2ができるはずです．

表1.2

n	142857
$2n$	285714
$3n$	428571
$4n$	571428
$5n$	714285
$6n$	857142

表1.2のどこに「不思議」があるのでしょうか？まず，「出てくる数字がすべて同じ」なのがわかります．つまり，各欄の整数を構成する数字は1, 4, 2, 8, 5, 7の6つで，0, 3, 6, 9という数字は登場しません．さらに観察すると，次のことに気がつくでしょう．

不思議 1.3　表1.2に現れる数字は，どれも「並んでいる順番が同じ」です．

つまり，どの整数も，左から右に

$$1 \to 4 \to 2 \to 8 \to 5 \to 7$$

という順番で並んでいます（7の次は1に戻る）．この状況は，横一列に並べるより，「輪っか」にしてみるとわかりやすいです．つまり，図1.4の状況です．

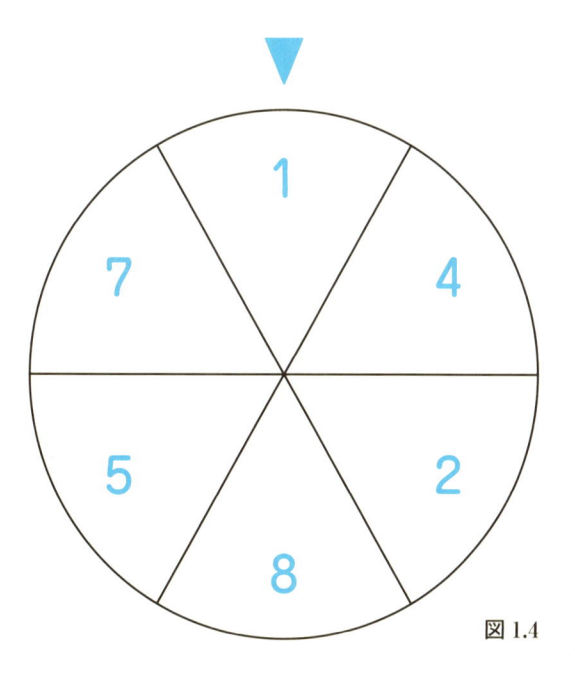

図 1.4

　図 1.4 で数字が時計回りに並んでいると思えば，表 1.2 の 6 つ
の数字の違いは，「どこから始めるか」の違いだけです．つまり，
図 1.4 で「1 から始める」と $n = 142857$ となりますし，「5 から始
める」と 571428 が得られて，それは表 1.2 の $4n$ です．
$n = 142857$ という整数の倍数を計算すると，数がぐるぐる回って
いる，というわけです．

　次の例題 1.5 の解答からわかるように，1, 4, 2, 8, 5, 7 という 6
つの数字を並べてできる 6 桁の数は 720 個もあります．720 個の
中に「区切りを変えただけ」の 6 個の組があって，それらがみん
な $n = 142857$ の倍数として出てくる，というのは何だか「不思議」

ではないですか？

例題 1.5　6 つの数字 1, 4, 2, 8, 5, 7 を使ってできる 6 桁の整数は全部でいくつあるか.

答え　問題の整数は，全部で 6! = 720 個ある.

解説　念のために，答えの出し方を説明しておきましょう. 要求されている 6 桁の整数を作るには，6 つの数字を左から右に向かって 1 つずつ並べていけばいいです. 最初に，一番左に置く数字を考えます. この場合はどの数字を使ってもよいので，選択肢が 6 つあります. さて，一番左に 1 つ数字を置いたとして，次に，左から 2 番目に置く数字について考えましょう. このときは一番左にある数字はもう使えないので, 数字の選択肢は 5 つです. （注意：一番左の数字が何であるかによって左から 2 番目に置くことができる数字も変わりますが，選択肢が 5 つであることはいつも同じです.）

一番左に置く数字の選択肢は 6 つあり，その数字のおのおのについて左から 2 番目に置く数字の選択肢が 5 つあるので，数字を 2 つ置くときの置き方は全部で 6×5 通りあることになります. さらに左から 3 番目に数字を置くことを考えると，残っている数字は 4 つなので，3 番目の数字の選択肢は 4 つです. すると，数字を 3 つ並べる並べ方は全部で 6×5×4 通りとなります. これを 6 番目まで続けると，6 つの数字の並べ方は，全部で

$$6×5×4×3×2×1 = 720$$

13

図 1.6

一番上の黒丸が「出発点」で、そこから下のほうの段に順次、一番左に置く数字、左から 2 番目に置く数字、…、一番右に置く数字、を配置しています。たとえば、一番左側にある線を上から下にたどっていくと、14285 という数字の並びができます。

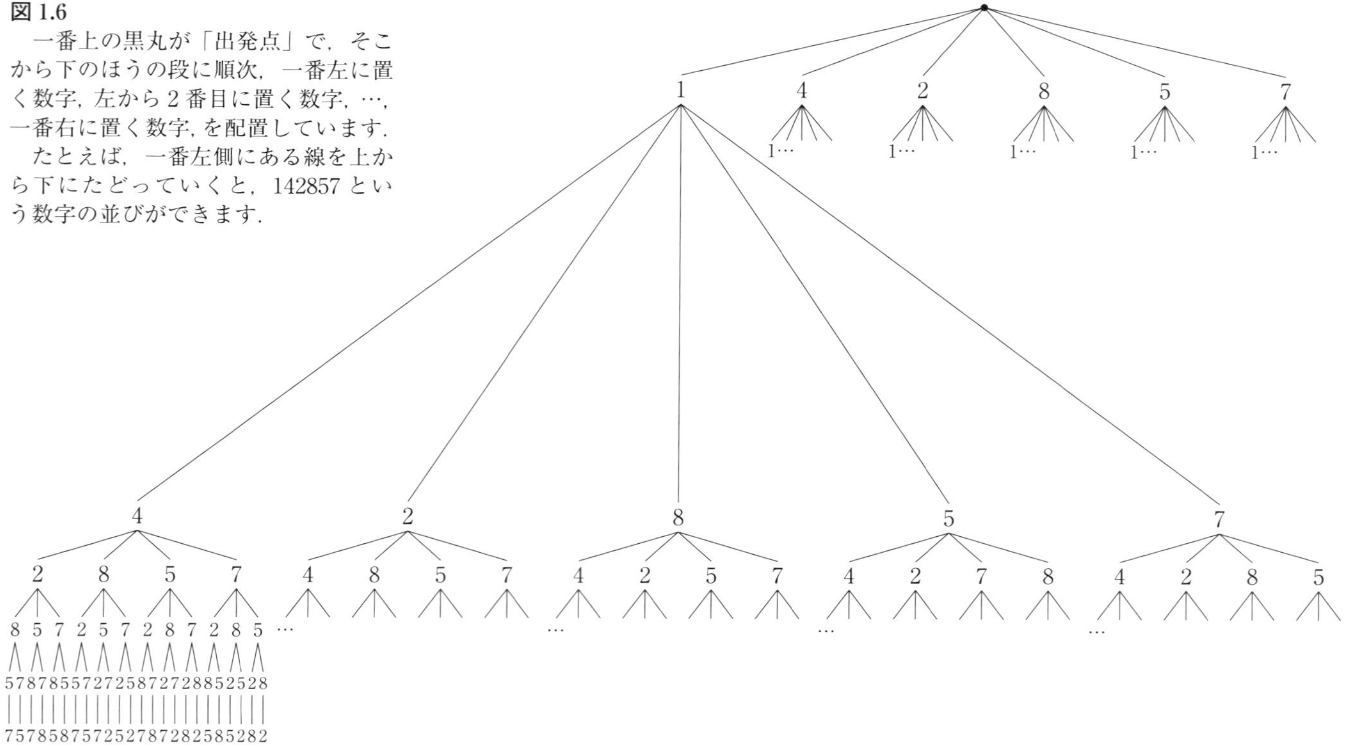

通りということになります．（注意：この式の左辺を 6!（読み方は，6 の階乗）という記号で表すのでした．）

この状況を絵で表すと，図 1.6 のようになります．自分で図 1.6 を描いて答えを出すことをイメージすると，分かりやすいかと思います．

（解説終わり）

しつこいかもしれませんが，これから不思議 1.3 について，もう少し詳しく考えてみましょう．皆さんに「頭の体操」をしてもらいたいので．

図 1.4 で，「始める場所」がどこか，という説明をしました．これをもっと具体的に考えてみましょう．まず，「始める場所」を明示するために，円盤の外に「印」を用意しておきます．（図 1.4 で，数字 1 の上にあるのが本書での印▼です．）そして，数字が書かれた円盤のまわりで，その印を「時計回り[1] に回す」と考えるのです（図 1.7 参照）．最後に，印のある数を「始める場所（＝出発点）」として，円盤に書いてある数を時計回りに一周すれば，6 つの数字からなる数ができます．

さて，$n, 2n, 3n, \cdots, 6n$ のそれぞれについて，「どれだけ回せばその数ができるか」を記録しましょう（$n = 142857$）．たとえば，$2n = 285714$ を考えると，最初の数字は 2 です．そして，2 は真上から 2 つ右にあるので，印▼を数字 2 つ分右に（＝時計回りに）

---

[1] 何かあるものが円周上を回るときに，時計の針と同じ方向に回るのを「時計回り」といい，針と反対の方向に回るのを「反時計回り」と表現します．数学ではよく登場する言葉使いです．角度を測ったりする場合には，反時計回りに測るのが「標準」になっています．

第 1 章　不思議な数

回すと $2n$ ができる，ということになります（図 1.7 参照）．

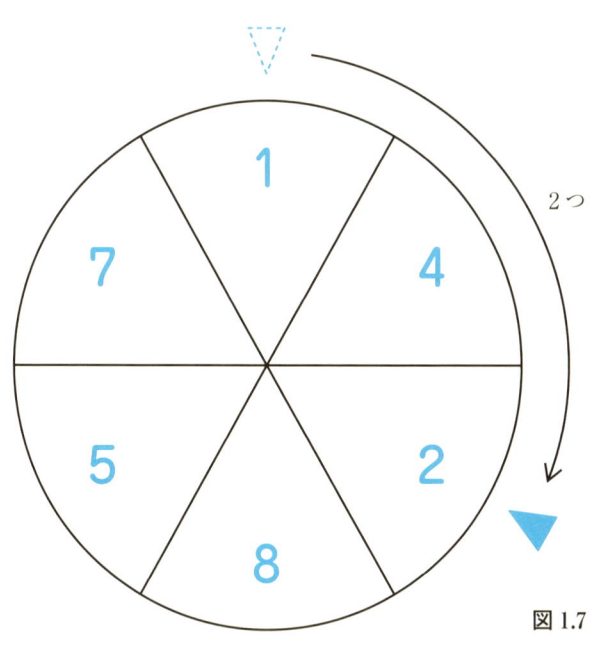

図 1.7

　この状況を「$2n$ には 2 が対応する」と表現しましょう．同様にして，「印をいくつ右に回せばよいか」を n, $2n$, $3n$, $\cdots$, $6n$ のそれぞれについて求めた結果を表にすると，表 1.8 ができます．

j	jn	c_j
1	142857	0
2	285714	2
3	428571	1
4	571428	4
5	714285	5
6	857142	3

表 1.8

　表 1.8 では n, $2n$, $\cdots$, $6n$ と書く代わりに jn ($j=1, 2, \cdots, 6$) と書いて，それぞれの j について「数字いくつ分回すか」の「回す個数」を c_j と表しています．また，$j=1$ のときは $n=142857$ は図 1.4 の状態そのものなので，回す必要がありません．これは，「数字 0 個分回せばよい」ということなので，「$j=1$ のときは $c_j=0$」となっています．

　以上で，j に対して c_j という数が定まることがわかりました．この対応が面白いので，表 1.8 から jn の値を省いてみたのが表 1.9 です．

j	→	c_j
1	→	0
2	→	2
3	→	1
4	→	4
5	→	5
6	→	3

表 1.9

　表 1.9 の c_j の並び方はそんなに「むちゃくちゃ」でもなくて，

「0 から 5 までの 6 つの数が 1 つずつ並んでいる」ということがわかります．しかし，その並び方が，かなり"挙動不審"です．ということで，ここで問題です．

問題 1.10 表 1.9 の対応はどんな法則に従っているでしょうか？その法則を解明してください．

実は，問題 1.10 には「ちゃんとした答え」がある（つまり，「法則」がある）ことがわかっていて，それが本書のテーマの 1 つです．第 3 章で種明かしをするので，楽しみにしていてください．

以上が 142857 という数の不思議です．1.3 節では，142857 とは異なる整数について，「普通はこんな不思議はおきない」ことを確かめてみたいと思います．「普通はおきないことがおきる」からこそ，それが「不思議」と呼ばれるのですから．

1.2 小さな不思議

この節ではちょっと"寄り道"をして，不思議な数 142857 の別の性質を取り上げてみましょう．気付いた読者もいらっしゃるかもしれませんが，142857 という数は，次のような性質ももっています．

小さな不思議 1.11 数字が 6 個あるので，それを真ん中で分けます．つまり，

$$142857 = 142 \mid 857$$

です. こうしてできた2つの数を足してみると,

$$
\begin{array}{r}
1\,4\,2 \\
+\;8\,5\,7 \\
\hline
9\,9\,9
\end{array}
$$

となります. なんと, 9がそろっています. これも「不思議な性質」
と言っていいのでは?

　この小さな不思議1.11を見ていると,「クッ, クッ, クッー,
クがみっつ…」と歌ってみたくなりませんか? [2] ということで,
小さな不思議1.11の内容を「サンキュウの性質」と呼ぶことに
しましょう[3].「サンキュウの性質」をきちんと書いておくと,

性質 1.12　6つの数字からなる整数$abcdef$について,

$$abc + def = 999 \text{ が成り立つ}$$

となります. 整数142857の場合は, $a=1, b=4, c=2, d=8, e=5,$
$f=7$で, これについて性質1.12が成り立っていることが, 小さ
な不思議1.11でした.

　実は,「サンキュウの性質」をみたす数をつくるのは, そんな
に難しくありません. ペアになる数字（0と9, 1と8, 2と7, 3
と6, 4と5）をうまく並べればいいだけですから. しかし,「不

---

　[2]　むかしむかしある国に「ワッ, ワッ, ワッー, ワがみっつ…」というコマーシャ
ルソングがありました. 知らないだろうなあ. 失礼しました.
　[3]　さんざん「ク」ゆうといて, ここで「キュウ」かいな. わけわからんやっちゃ
なあ. どついたろかー？！（大阪の（一部の）読者）. すんまへん, すんまへん, 許
しといておくんなまし（筆者）.

思議 1.3」と「小さな不思議 1.11（＝サンキュウの性質）」が両方ともそろっている点は，ちょっと面白いでしょう．

この「小さな不思議」の解明は，3.6 節でおこないます．

1.3　不思議がおきない数

この節では，前に確かめた「不思議 1.3」が，実際に「特別なこと」であるのを確かめてみましょう．そのためには，何でもいいから自分の好きな 6 桁の整数を選んで，それを 2 倍，3 倍，… としていって何が起こるかを見てみればいいです．ここでは，

$$h = 123876$$

という数を使ってみましょう．下に示した計算 1.13 からわかるように，この h も小さな不思議 1.11 の場合と同じく性質 1.12（＝「サンキュウの性質」）はみたしています（そうなるように選んだ，というだけですが）．

計算 1.13

$$
\begin{array}{r}
1\ 2\ 3 \\
+\ 8\ 7\ 6 \\
\hline
9\ 9\ 9
\end{array}
$$

h の倍数がどうなるか，が興味の中心です．その計算をしてみると，表 1.14 ができます（ぜひ自分で計算をして，表 1.14 が正しいかどうか確かめてください）．

h	123876
$2h$	247752
$3h$	371628
$4h$	495504
$5h$	619380
$6h$	743256

表1.14

表 1.14 からは，何も特別な性質を感じ取ることができません
ね．登場する数字もばらばらで，同じ数字が並ぶこともある，な
ど，表 1.2 の"美しい姿"とはまったく違っています．

とはいえ，面白いことが 1 つあります．それは，$h, 2h, \cdots, 6h$
のどれもが「サンキュウの性質」をもっていることです．たとえ
ば，$2h = 247752$ を取ってみると，

計算 1.15

$$
\begin{array}{r}
2\ 4\ 7 \\
+\ 7\ 5\ 2 \\
\hline
9\ 9\ 9
\end{array}
$$

となり，確かに 9 が並んでいます．さあ，これはどうしてでしょ
うか？というわけで，不思議 1.3 よりは「小粒」ではありますが，
新たな疑問が登場しました．

問題 1.16 計算 1.13 や計算 1.15 のような現象がおきるのはな
ぜでしょうか？理由を説明してください．

問題 1.16 には，3.6 節で答えを与えます．でも，そこを読む前に，ぜひ自分で解答を試みてください．

1.4　不思議な数：その 2

ここでは，$n = 142857$ と似ているけれど少し違った「不思議」を引き起こす数を取り上げてみます．不思議 1.3 だけでもうおなかがいっぱい，という読者は，この節は飛ばして先に進んでも大丈夫です．

さて，今度考えるのは，

$$m = 076923$$

という数です．もちろん，m の一番最初の数字 0 は "いらない" のですが，m の倍数を考えると 6 桁の整数が出てくるので，m も「見た目」が 6 桁になるように，頭に 0 を付けて書いておきます．

最初に，m の倍数として「2 倍」を考えてみましょう．すると，

$$2m = 153846$$

となります．あれっ？，m とは「縁もゆかりもない」数ですね．でも，ここであきらめてはいけなくて，どんどん倍数を計算していきます．そうすると，表 1.17 ができます．

表 1.17

m	076923
$2m$	153846
$3m$	230769
$4m$	307692
$5m$	384615
$6m$	461538
$7m$	538461
$8m$	615384
$9m$	692307
$10m$	769230
$11m$	846153
$12m$	923076

数字が乱舞していて目がチカチカしてしまいますが，目薬でもさしてから，じっくりと表 1.17 を観察してください．すると，表 1.17 に登場する数が 2 組に分かれることが見て取れます．それは，「$m = 076923$ の並びをずらしたもの」と「$2m = 153846$ の並びをずらしたもの」，の 2 組です．たとえば，$3m = 230769$ は m の並びを 2 つずらしたものになっています．言い換えれば，表 1.17 の数は 2 組に分かれて，それぞれの組の中で「不思議 1.3」と同じ現象がおきているのです．そこで，2 組の数それぞれについて，表 1.8 と同様に，「いくつずらすか（＝印をいくつ動かすか）」をまとめてみると，表 1.18 ができます．表 1.18 では，jm（$j = 1, 2,$

23

…, 12) を2組に分けて，それぞれの組に属する j と jm を挙げて あります．一番右の数 c_j は m または $2m$ を「いくつずらすか」 を表しています．

表 1.18 ①

	j	jm	c_j
	1	076923	0
	3	230769	4
m の組	4	307692	5
	9	692307	2
	10	769230	1
	12	923076	3

表 1.18 ②

	j	jm	c_j
	2	153846	0
	5	384615	2
$2m$ の組	6	461538	4
	7	538461	1
	8	615384	5
	11	846153	3

　これで，「m の組」と「$2m$ の組」のそれぞれについて $j \to c_j$ という対応ができました．どちらの対応も "意味不明" ですが， そこを突っ込んで考えてみるのが数学の面白さです．ということ

で, $n = 142857$ の場合と同様に, 問題を提起しておきましょう.

問題 1.19 表 1.18 にある (二通りの) $j \to c_j$ という対応はどんな法則に従っているでしょうか？その法則を解明してください.

ついでながら,「サンキュウの性質」は, 表 1.17 に登場する数すべてについて成り立っています. たとえば, m と $2m$ について計算してみると,

計算 1.20

$$m \text{ の場合} \quad \begin{array}{r} 0\ 7\ 6 \\ +\ 9\ 2\ 3 \\ \hline 9\ 9\ 9 \end{array}$$

$$2m \text{ の場合} \quad \begin{array}{r} 1\ 5\ 3 \\ +\ 8\ 4\ 6 \\ \hline 9\ 9\ 9 \end{array}$$

となっています. これは $n = 142857$ のときと同じ「小さな不思議」ですね.（この「不思議」の秘密は 3.6 節で明らかになります.）

コラム 1：二進数と完全数（前編）

本書では，すべての数を十進法で表しています（ただし，コラム 1 と 3 を除く）．しかし，十進法の「原理」が頭に入っていれば（注：十進法の解説が本書の 2.1 節にあります），二進法も自然に理解できます．つまり，十進法が「0 から 9 までの十個の数字」と「十のベキ」を使って数を表したように，二進法では，「0 と 1 という二つの数字」と「二のベキ」を使って数を表す，というわけです．ただし，0 と 1 という数字は，十進法で数を表すときにも登場してくるので，「十進法なのか二進法なのか」がわからない場合が生じて，話がややこしいです．したがって，二進法で数を表すときは，

$$[a_r a_{r-1} \cdots a_1 a_0]_2$$

のように，[ ]$_2$ を付けて表すことにしましょう（a_r, a_{r-1}, $\cdots$, a_1, a_0 は，0 または 1 です）．二進法の原理を思い出して，この記号の意味する数を書いておくと

$$[a_r a_{r-1} \cdots a_1 a_0]_2 = a_r 2^r + a_{r-1} 2^{r-1} + \cdots + a_1 2 + a_0$$

となります（$2^1 = 2$, $2^0 = 1$ に注意してください）．また，少しだけ数値例を書いておくと，

$[11]_2 = 3$, $[101]_2 = 5$, $[111]_2 = 7$, $[1011]_2 = 11$, $[1101]_2 = 13$, $[10001]_2 = 17$

などとなります（右辺は，十進法での表示）．たとえば，$[1101]_2$ なら，

$$[1101]_2 = 1 \times 2^3 + 1 \times 2^2 + 0 \times 2^1 + 1 \times 2^0 = 8 + 4 + 1 = 13$$

というわけです．

二進法の活躍の一例を，コラム 3（p.90）でご紹介します．お楽しみに．

第2章
小数に関するまとめ

本書では，「小数」がメインテーマになっています．そして，本書での小数は，すべて「十進小数」です．本書を深く理解するためには，十進小数とはどんなものか，を正確に理解しているほうがラクです．しかし，「そんな"哲学"みたいなことは，考えたことがない」という読者も多いかもしれません．そこで，本章では，まず十進法について復習して，その後で「十進小数」の必要事項をまとめておきます．十進小数を十分理解している読者は，本章を飛ばして，第3章に進んでください．

2.1　整数の表記

最初に，1つ問題を出してみます．

問題 2.1　整数 123456789 を漢字だけで書き表せ．

これは難しくはないでしょう．答えは

一億二千三百四十五万六千七百八十九

ですね．（お断り：「一二三四五六七八九」という答えはナシにしてください．これでは「算用数字を漢字に置き換えただけ」で「問題」の意味がなくなってしまいます．「漢字だけで書く」ということを上の答えのように受け取ってください．）

では，次はどうでしょう？

問題 2.2　整数 100200300400500600700 を漢字だけで書き表せ．

難しいですね．答えは，

一垓二十京三百兆四千五億六十万七百

です．日本の GDP[1] や国家予算の額などを知っていれば，兆は馴染みがあるでしょう．スーパーコンピューターの報道を読んだことがあれば，京(けい)も見たことがあるかもしれません．でも，垓(がい)（＝ 10^{20}）となると，ほとんどの人には縁がない漢数字，と思われます（筆者も，ここで初めて使いました）．

この問題から得られる「教訓」は，「整数を表すのに漢字しか使えない」ということになったら非常に不便だ，ということです．さらに言えば，もしすべての整数を漢字で表さなくてはならないとしたら，「とてつもなく大きな整数」など扱えない，という点も大問題です．たとえば，現代を生きている私たちは「1のあとに0が千個並んだ数（＝ 10^{1000}）」を理解することができますが，もし「漢字で書けない数は扱えない」となったら，このような大きな数を考えることができません．日常生活ではある限られた範囲の整数しか登場しないので問題ないのですが，数学のように「いくらでも大きな整数」を扱う場合には，そうはいきません．なぜなら，漢字で大きな数を書き表そうとしたら，大きな整数用に次々に新しい漢字を登場させなくてはなりません[2]が，漢字を無限に用意することなどできないからです．しかし，私たちは，「いくらでも大きい数字を書き表すことができる」ということを「当たり前」と思っています．しかも，小学校で勉強すれば，0, 1, 2, 3,

---

[1] Gross Domestic Product（国内総生産）の略号．

[2] 漢字で整数を表すのに使う字は，一，二，三，四，五，六，七，八，九，十，百，千，万，億，兆，京，垓，…，と，どんどん増えていきます．

4, 5, 6, 7, 8, 9 という十個の数字だけで「どんなに大きな整数」も書き表すことができます．それはなぜでしょうか？

　無限に存在する整数を十個の数字だけで書き表す，という手品のような技の秘密は「数字を書く位置にこだわる」という工夫にあります．そして，この方法は「位取り記数法」と呼ばれています．大げさな名前はともかく，やり方は誰でも知っているでしょう．図2.3のように，一の位，十の位，百の位，千の位，…として「場所」を確保して，それぞれの場所にある数がその位にある数の個数を指示し，最後に，指示された数を足し合わせて1つの整数を書き表しています．

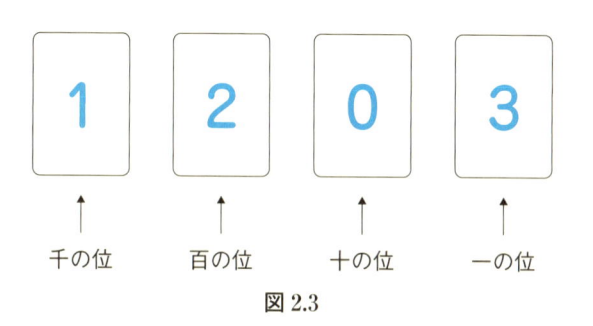

図2.3

　どの「位」にも，それぞれの位置に対応する「十（＝10）のベキ」が割り振られています．具体的には，

$$一の位 = 10^0, 十の位 = 10^1, 百の位 = 10^2,$$
$$千の位 = 10^3, 万の位 = 10^4, \cdots$$

という具合です[3]．このように，「十」を基準に採用しているので，

この書きかたは「十進法」と呼ばれています.

例 2.4 整数 1203 は，千の位に 1，百の位に 2，十の位に 0，一の位に 3，が書き込まれているわけです（図 2.3 参照）．したがって，この数は

$$1 \times 10^3 + 2 \times 10^2 + 0 \times 10^1 + 3 \times 10^0$$

$$= 千 + (百 + 百) + (一 + 一 + 一) = 千二百三$$

を表していることになります（$10^1 = 10$，$10^0 = 1$ であることに注意）．また，1230 は

$$1 \times 10^3 + 2 \times 10^2 + 3 \times 10^1 + 0 \times 10^0 = 千二百三十$$

という整数を表しています．使われている数字は同じでも，1230 は 1203 とは別の整数です．1203 と 1230 は数字の並び方が違うわけですが，位取り記数法の考え方からは，「（数字の）並び方が違う」というよりも「（数字の）位置が違う」と考えたほうが適切です．

　位取り記数法は，数字を書くべき「場所」があらかじめ用意されていて，「そこに適当な（＝適切な）数字を入れることで数を表す」という方式です．この場合，「用意された場所に入れるべきものがない」という事態が起こります（1203 であれば，十の位には "何も入れなくてよい" わけです）．漢字で数を表す場合には，「何も入れないところは無視する」という方針なのですが，位取り記数法では，明確に「何も入れない」という意思表示をす

---

³　もちろん，10^0 は 1 と書き，10^1 は単に 10 と書くのが普通です．ここでは「すべて 10 のベキであること」を強調するために，このように書き表しています．

る必要があります．そのために利用されるのが「0という数字」
です．というわけで，位取り記数法にとっては，0が重要な役割
を果たしています．人間が「0を利用すれば位取り記数法ができ
る」という「発見」にたどり着いた歴史は，とても興味深いです．
興味のある方は，巻末の関連図書に挙げた [1] などを参照してく
ださい．

　たとえば，整数 123 は「百の位に 1，十の位に 2，一の位に 3」
となっていて，百二十三をあらわしています．これに対して，「千
の位はどうなっているのだ？」という疑問を抱くこともあるかも
しれません．疑問への答えは，「千の位自体はちゃんとあるのだが，
そこには何もない（＝千の位に入る数字は 0）ので，書く必要が
ない」ということです．つまり，位取り記数法では

ルール 2.5　省いても表す数が変わらないような 0 は，書くの
を省略してよい

という「ルール」があるのです．（このルールは，あとで登場す
る小数の場合も同じです．）整数 123 については，「千の位にある
数字は 0」なので，123 を 0123 と書くこともあり得ますが，「こ
の 0 は書いても書かなくても同じ」なので，普通は省くのです．
これに対して，1203 の場合の 0 は，省けません（省くと，表す
整数が別のものになってしまいます）．「1203 の 0 は省けない」
ということが，位取り記数法を成立させるには 0 という数字を導
入しなくてはならない，という主張の意味です．

　十進法では，十を基準にしているからこそ，数字を十個使って

いるわけです．「位取り記数法」というのは，別に十進法に限って成立するわけではありません．十の代わりに二をとれば二進法になりますし，三をとれば三進法になります．位取り記数法で整数を表示する場合，本来は「これは何進法なのか」を明示しなければなりません．しかし，現代の世の中では，「ほぼすべての数が十進法で表されるので，いちいち「十進法」と断る必要がない」という状況になっています[1]．このように十進法が標準として定着したのは，（何らかの）歴史的経緯があるから，というだけで，「数学的必然性」はまったくありません．数学の論理からいえば二進法が一番単純です（何といっても，0と1という2つの数字だけで，あらゆる整数を書き表すことができます）．実際，計算機の世界では二進法が大活躍しています．本書では二進法を詳しく解説している余裕がありませんが，コラム1（p.26），コラム2（p.52），コラム3（p.90）で二進法が活躍する「現場」を少しだけ紹介しています．

2.2 整数部分と小数部分

前節で，整数を十進法で表すことを説明しました．しかし，本書のテーマは「小数」で，次節で「十進小数」について解説します．その前に，今後必要な言葉と記号を導入しておきましょう．

読者もおなじみだと思いますが，実数は「直線上の点」として

---

[1] 言い換えれば，「数字の表記のデフォルトが十進法である」ということです．

表すことができます．つまり，「実数全体」を考えたいときには「直
線」を思い浮かべればよいわけです．このように，直線上の点＝
実数，と見なしているとき，その直線を「実数直線」と呼びます．
整数も実数の仲間なので，整数も実数直線上の点として表されま
す．そして，整数に対応する点を実数直線の上に描いてみると，
それらは（一定の間隔で）飛び飛びに分布します．もちろん，実
数直線の上には整数以外の点（つまり，整数でない有理数や無理
数）もたくさんあります．その様子を図に表してみると，図 2.6
のようになります．（図 2.6 では，水平に描かれている直線が実
数直線で，その上にいくつかの点がマークされています．）

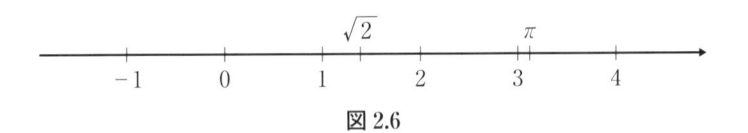

図 2.6

　実数を表すにはいろいろな方式がありますが，個々の実数を
「(整数) ＋ (小数)」と分解する方法が基本的といえるでしょう．
ある実数 x があるとして，x を実数直線上の点と見なします．こ
のとき，「実数直線上を左から右に進んでいって x にたどり着く」
とイメージします．さらに，実数直線上にある整数を「飛び石」
と思いましょう．そうすると，ずっと飛び石を飛んでいって，ど
こかで「x を飛び越す」というときがあるはずです．このとき，「x
を飛び越す直前の整数」を「x の整数部分」と呼び，x の整数部
分から x までの距離を「x の小数部分」と呼びます．正式に定義

を述べて，記号を導入しておきましょう．

定義 2.7

実数 x に対して，次の定義をする．

(1) 不等式 $n \leq x < n+1$ をみたす整数 n を「x の整数部分」と呼び，$[x]$ という記号で表す．

(2) 記号 $[x]$ を (1) の通りとして，$x-[x]$ を「x の小数部分」と呼び，$\langle x \rangle$ という記号で表す．つまり，$\langle x \rangle = x-[x]$ である．

定義 2.7 の状況は，図 2.8 に表されています．

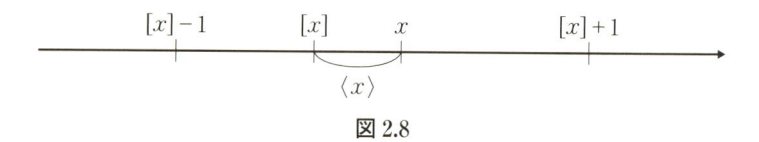

図 2.8

あれこれ長い説明をするより，例を見たほうがわかりやすいかもしれません．

例 2.9 整数部分と小数部分の例を挙げておきましょう．次の数の整数部分と小数部分が何であるか，考えてみてください．

$$\pi, \sqrt{2}, 5, \frac{468}{5}, -1.23$$

まず，"有名な"数である円周率 π については，$\pi = 3.14152\cdots$ なので，

35

$$[\pi] = 3, \quad <\pi> = \pi - 3 = 0.14152\cdots$$

です．また，$\sqrt{2}$ は，中学校で「無理数であること」の証明を習うかと思います．（この証明で悩んだ人も多いかもしれません[5]．）この場合は，$\sqrt{2} = 1.41421356\cdots$ なので，

$$[\sqrt{2}] = 1, \quad <\sqrt{2}> = 0.41421356\cdots$$

となります．

　次は，x が整数の場合を考えるとして，たとえば $x = 5$ ならどうなるでしょうか？答えは，

$$[5] = 5, \quad <5> = 0$$

です．びっくりしますか？この場合，整数部分の「部分」が「全体」に一致している，という感じで，そこに戸惑いを感じる読者もいるかもしれません．しかし，このようにしておかないと，x が整数であるときの「整数部分」の定義がややこしくなってしまいます．「部分」が全体に一致することも許す，としておいたほうが便利なのです[6]．

　簡単な計算で $468/5 = 93 + 3/5$ であることがわかり，93 は整数であり $0 < 3/5 < 1$ なので，

$$[468/5] = 93, \quad <468/5> = 3/5$$

---

[5]　大人なんだけど復習したい，という方は，ぜひ [4] の 23 ページや [5] の例 2.4 などをご覧ください（自分の本の宣伝かいな）．

[6]　この例に限らず，数学では，「部分」という言葉は「全体」と一致することもあり得るのが一般的です．日常的には「部分」といえば「一部分」だけを指す感覚があると思いますが，数学の言葉は日常の言葉とズレることがある，と明確に意識しておけば混乱はしません（[4] 付録 A.2.3 や [5] 第 2 章などを参照）．ちなみに，「部分」が「全体」に一致することを排除したい場合は，「真の部分」などと「真」という漢字を使うのが「数学流」です．

です．ここに登場した3/5は分数であり「小数」とは言いません
が，「468/5の小数部分は3/5である」という主張は正しいです．
もちろん，3/5 = 0.6なので，＜468/5＞ = 0.6と答えても正しい
です．「3/5か0.6か？」という論点は「表記」を問題にしている
だけで，「小数部分」自体の定義には影響しないのです．ちなみに，
英語では「小数部分」はfractional partで，これを"直訳"すれ
ば，「分数部分」です．この用語だと，$\sqrt{2} - 1$は無理数であって
「分数」ではないので，＜$\sqrt{2}$＞ = 0.41421356…に「違和感」が生
じてしまいます．なかなか難しいわけですが，用語はあくまでも
「記号」に過ぎない，と"悟って"，中身をきちんと理解するのが
「正しい態度」といえるでしょう．

　負の数である−1.23には，ちょっと注意が必要です．この場合，
$$-2 < -1.23 < -1 = (-2) + 1$$
という不等式が成立しています．したがって，定義2.7 (1) によっ
て，$[-1.23] = -2$です．よって，今度は定義2.7 (2) によって，
＜-1.23＞ $= -1.23 - (-2) = 0.77$となります．「小数部分」といっ
ても，0.23ではないのです．不自然と感じられるかもしれません
が，敢えてこのように定義しています．その理由は図2.8を見て
いただければわかると思います．でも，安心してください．ちゃん
とはいてますよ，…ではなくて[7]，本書では負の数を整数部分と
小数部分に分ける操作は登場しません．

---

[7]　これは「2015年のギャグ」ですね．本書が出版される2016年には忘れられて
いる可能性が高そうです．「何なんだこれは？」と訝しく思われた読者は，「安村」
で検索をかけてみてください．

注意 2.10 整数部分を表す記号 [ ] は世界中で共通に使われているようです．また，「整数部分」という呼び名の他に「ガウス記号」という名前も高校の教科書に出ていると思います．これに対して，「小数部分」の表示法はバラツキがあるようなので，注意してください．筆者もいろいろな記号を見たことがあります．もちろん，本書では一貫して＜＞という記号を使っています．

最後に，小数部分の性質をまとめておきましょう．

性質 2.11 実数 x の小数部分 $<x>$ は，次の性質をもっている．

(1) 不等式 $0 \leqq <x> < 1$ が成り立つ[8]．

(2) x が整数のとき $<x> = 0$ である．また，$<x> = 0$ となるのは x が整数のときだけである．

(3) x が有理数で

$$x = \frac{n}{m} \quad (m, n \text{ は整数で，} m > 0)$$

と表されているとする．このとき，n を m で割った余りを r $(0 \leqq r < m)$ とすれば

$$<x> = \frac{r}{m}$$

である．

性質 2.11 の (1) (2) が成り立つことは，定義からすぐにわかります．性質 2.11 (3) も簡単に示せますが，念のために，証明を書いておきましょう．n を m で割ったときの商を q とすれば，$n = qm + r$ と表されます（余りが r だったことに注意）．この等

---

[8] 小数部分の記号と不等式が重なって，かなり見にくいですね．言いたいことは，「$\alpha = <x>$ に対して $0 \leqq \alpha < 1$ が成り立つ」ということです．

式の両辺を m で割れば，

$$x = \frac{n}{m} = q + \frac{r}{m} \quad (q \text{ は整数で } 0 \leq \frac{r}{m} < 1)$$

となる（$0 \leq r < m$ であったことに注意）ので，$<x> = r/m$ が得られます（もちろん，$[x] = q$ も成立しています）．

2.3　十進法での小数

　この節では，整数でない実数を十進法で表す方法である「小数表記」について説明しましょう．とはいっても，例 2.9 で $\pi = 3.14152$ …などと，既に小数は使っています．「この小数も十進法による表記なのだ」と言われて，「そんなことわかっているわい」と言いたくなる方は，この節は飛ばして先に進むことをお勧めします．多くの読者は 2.1 節で扱った「十進法による整数の表示」には馴染みがあるでしょう．しかし，筆者の個人的感想として，小数と十進法の関係については明確に意識していない読者も多いのではないかと思います[9]．「十進小数」は本書の大きなテーマですから，ここできちんと解説しておきます．

　本書で重要なのは「実数の小数部分を小数で表す[10]」ことなので，0 と 1 の間にある数を小数で表すことを考えます．したがって，本書では「0. で始まる小数」を（主として）扱うことにして，そ

---

[9]　表示 2.15 のところで説明するように，小数を理解するには（整数の場合には必要なかった）「極限」についても納得できていなければなりません．

[10]　この表現が奇異に感じられたら，例 2.9 を眺めてみてください．「小数部分」というのは「整数部分」と対にするための言葉で，小数で表されている，ことを意味しているわけではないのです．

のような数を α という記号で表します．つまり，本書の中では，原則的に α は

表示 2.12 $\alpha = 0.a_1a_2a_3\cdots$

と表されるとします．ただし，表示 2.12 では，a_1, a_2, a_3, $\cdots$ はそれぞれ 0 から 9 までの数字のどれかです．また，「$\cdots$」（テンテンテン）は数字の列が無限に続くことを表しています（有限個で止まることもあります；この論点については，2.4 節参照）．このように，実数を小数として表すことを「小数展開」と呼ぶことも多いです．この用語も記憶しておいてください．

表示 2.12 の α が 0 や 1 に等しくなることもあります（例 2.16 参照）．しかし，それは「例外」で，本書で"本気で"相手をする α は $0 < \alpha < 1$ をみたしています．

整数を十進法で表すときは，$1 = 10^0$, $10 = 10^1$, 10^2, 10^3, $\cdots$ と，10 のベキをどんどん上げていくのでした．しかし，実際に整数を表すときは，左から右に

$$\cdots, 10^3, 10^2, 10, 1$$

とベキを下げて書いていき，1（$= 10^0$）で終わり，となっていたわけです（例 2.4 参照）．これを，10 の 0 乗（$= 1$），で止めないで，10 の -1 乗，10 の -2 乗，$\cdots$ と負のベキまで考えていけば，十進小数ができます．表示 2.12 に登場しているピリオド（.）は，「ここから負のベキが始まりますよ」という合図になっていて，小数点という名前をもっています．小数点の左側は「負でないベキ」に当たる部分ですが，表示 2.12 の右辺ではそれは 0 なので，「負

でないベキはナシ」と考えてよいです．つまり，表示 2.12 を「十進法」を明示して書き表すと

表示 2.13　$\alpha = a_1 \times 10^{-1} + a_2 \times 10^{-2} + a_3 \times 10^{-3} + \cdots$

となります．

注意 2.14　負のベキはわかりにくい，と感じる読者は，逆数を使って表示 2.12 を書き換えてください．つまり，$10^{-1} = 1/10$，$10^{-2} = 1/10^2$，…などとするわけです．すると，表示 2.12 は

$$\alpha = \frac{a_1}{10} + \frac{a_2}{10^2} + \frac{a_3}{10^3} + \cdots$$

となります．でも，分数を書くのは場所を取るので，本書では負のベキを使った書きかたをさせていただきます．

　ここで，「小数」に関わる用語をまとめておきましょう．十進法で表した小数を十進小数と呼びます．便利なので，本書でもこの表現がよく登場します（ただし，本書では十進小数以外は登場しません）．また，実数を小数で表したものを小数表示といい，「小数で表す」という操作や「その操作の結果」を小数展開と呼んだりします．ただ，小数，小数表示，小数展開，などの言葉を厳密に使い分けているわけではありません．場面に応じて，適宜，適当に（＝適切に）解釈してください．

　表示 2.12 や表示 2.13 に出てくる「テンテンテン（つまり，…のこと）」は気に入らない，という読者は，シグマ記号のファン

かもしれません．そのような読者向けに表示 2.12 を "厳密に" 表現すると

$$\text{表示 2.15} \quad \alpha = \sum_{k=1}^{\infty} a_k \, 10^{-k} = \lim_{n \to \infty} \left(\sum_{k=1}^{n} a_k \, 10^{-k} \right)$$

となります．表示 2.15 の最後に「極限」が登場することに注意してください．でも，本書を理解するためには極限の厳密な理論は必要なくて，「テンテンテンと無限に続くんだな」というホンワカした理解で十分です．今後，本書では，小数を表示 2.12 のように書き表します（これが「普通のやり方」です）．途中の議論で迷ったときは，適宜，表示 2.13 や表示 2.15（の好きなほう）を思い出してください．

例 2.16 ここで，ちょっと「極端な例」を扱っておきましょう．まず，

表示 2.12 で $a_1, a_2, \cdots$ がすべて 0

の場合です．つまり，$\alpha = 0.000\cdots$ というわけです．ここで「必要のない 0 は書かなくてもよい」というルール（ルール 2.5 参照）を思い出すと，小数点の右側の 0 は全部省けてしまいます．そうなると小数点自体も不要になって，結局，$\alpha = 0$ と書き表すことになります．（小数点の左の 0 まで省くと「何もなくなってしまう」ので，この 0 は省けません．）念のために注意しておくと，単に 0 と書いても，この 0 を「小数」と呼ぶことができます．「小数には小数点が必要なのでは？」と不審に思う方もいるかもしれませんが，この場合は，小数点は "省かれている" だけだ，と解釈するのです．この事情は 0 以外の整数の場合も同じです．たとえ

ば整数 2 であれば，2 という表記は「2.000…の 0（と，小数点）が省略されたもの」と見なせるので，2 を「小数」と読んでもよいのです．

もう一つの「極端な例」は，

表示 2.12 で $a_1, a_2, \cdots$ がすべて 9

となっているときです．このケースは，少しややこしい事情を抱えています[11]．悩んだことがある読者も多いかもしれませんが，この場合は $\alpha = 1$ となります．つまり，

等式 2.17　$1 = 0.99999999\cdots$

が成立します（右辺の…は，数字 9 が無限に繰り返されることを表します）．

「等式 2.17 の右辺は 0. で始まっているのに，それが 1 になってしまうのか？」という疑問が生じるかもしれませんね．この疑問には，「そうです．1 になるのです．」と答えられます．そのように "明快に" 答えられる「理由」を説明しましょう．ポイントとなるのは，等式 2.17 の右辺は「極限」を表している，という事実です．等式 2.17 の右辺の小数を途中で打ち切ってしまえば，それは決して 1 にはならないことに注意してください．つまり，等式 2.17 の右辺では，9 が「無限に」続いている，ことが重要で

---

[11] 「ややこしい」というのは，物事が複雑に絡み合っていて説明するのが大変だ，という意味です．これは，世に言う「家庭の事情」と同じです（冗談，ですよ）．ただし，「家庭の事情」については「あまりにも入り組んでいて，説明しきれない」という事態が起きそうですが，数学の場合は，じっくり取り組めばかならず理解できるので，安心してください．

す．そして，等式 2.17 の右辺は，9 が無限に続いたときに「近づ
いて行く先」を表しています．言い換えれば，等式 2.17 の右辺
は 1 に「到達」はしないけれども 1 に「無限に近づく」というこ
とで，それが「極限」という意味です．等式 2.17 に違和感が生
じるのは，等式 2.17 の右辺が「到達した先」を表していると感
じてしまっているからです．等式 2.17 の右辺は「（いくらでも）近
づく先」（を表す記号）であって，それは「到達」とは違うのです．

　極限について深刻に考えずに等式 2.17 を「納得」する方法は
いくつかあるかと思います．ここでは，ひとつだけやり方を示し
ておきましょう．まず，小学校で習った割り算の方法で，1 を 9
で割っていく，という計算をすれば

$$\textbf{等式 2.18} \quad \frac{1}{9} = 0.11111111\cdots$$

が得られます [12]．ここで，等式 2.18 の両辺に 9 を掛ければ，等
式 2.17 が得られます．

　前節で扱った整数部分・小数部分と表示 2.12 の関係も「知っ
ているべきこと」の 1 つです．α が表示 2.12 のように表されて
いるとしましょう．つまり，

$$\alpha = 0.a_1 a_2 a_3 \cdots$$

ということです．ここで，α を 10 倍してみます．すると，

$$10\alpha = a_1.a_2 a_3 \cdots$$

となって，ピリオド（＝小数点）の位置が 1 つずれます．小数点

---

[12] 1 がずっと繰り返されることが納得できるまで計算してください．

の左は整数で，小数点の右の部分は小数を表すので，

$$a_1 = [10\alpha], \quad <10\alpha> = 0.a_2a_3\cdots$$

となります[13]．つまり，「10倍して整数部分をとる」という操作で，表示 2.12 の最初の数字 a_1 が求まります．この操作を繰り返せば，$a_2, a_3, \cdots$ が次々と求まっていくわけです．

寄り道 2.19　問題 2.1 にならって「小数を漢字で書け」という問題をだそうと思って調べていたら，意外な事実を見つけました．筆者は，割 $= 1/10$，分 $= 1/100$，厘 $= 1/1000$，$\cdots$，だと思っていたのですが，それは「誤解」だそうです．確かに，これだと「九分九厘間違いない」という表現が"納得できない"ことになってしまいますね．興味のある読者は，ウィキペディアの「分（数）」の項を読んでみてください．

2.4　有限小数

表示 2.12 の右辺は無限に続く，と書きましたが，実は，無限に続かない場合もあります．それは，$a_1, a_2, \cdots$ が「あるところから先は全部 0」となっているときです．このときも「0 が無限に並んでいる」と考えることもできますが，「必要のない 0 は書かなくてもよい」というルール（ルール 2.5 参照）によって，途中で打ち切るのが普通です．

---

[13]　ただし，等式 2.17 の右辺のように，9 が無限に繰り返される表示は，「例外」です．しかし，2.4 節で説明しますが，本書では，等式 2.17 の場合はかならず左辺のような表示（有限小数）を採用することにしています．したがって，「9 が無限に繰り返される」という小数は考察しなくて済みます．

例 2.20　たとえば，$a_1 = 1$, $a_2 = 2$, $a_3 = a_4 = \cdots = 0$ となっている場合を考えましょう．このときの表示 2.12 は $\alpha = 0.120000\cdots$ と書いてもいいのですが，通常は $\alpha = 0.12$ と書くわけです [14].

例 2.20 の 0.12 のように有限個の数字だけを使って表せる小数を「有限小数」と呼びます．正式に定義を書いておきましょう．

定義 2.21

表示 2.12 において

$$a_M \neq 0 \quad \text{かつ} \quad k \geqq M + 1 \text{ のとき } a_k = 0$$

をみたす自然数 M が存在するとき

表示 2.22　$\alpha = 0.a_1 a_2 a_3 \cdots a_M$

と表す．そして，このような小数を有限小数と呼ぶ．

注意 2.23　念のために注意しておくと，表示 2.22 の右辺は $M \geqq 4$ であることを想定して書いています．そうでなくて，たとえば $M = 2$ なら a_3 は存在してなくて，表示 2.22 は $\alpha = 0.a_1 a_2$ となります．しかし，いまの状況では，M はどんな自然数にもなり得るので，$M \leqq 3$ というのは特殊な状況です．そこで，表示 2.22 の右辺は，一般的な状況である $M \geqq 4$ の場合を想定して，わかりやすい書きかたをしているわけです．また，$\alpha = 0$ のときは条件をみたす M は存在しませんが，それは「例外」として触れませんでした．本書では，0 を小数表示する必要は生じません．

———————————
[14]　何か実験をおこなったときなど，「有効数字」が重要になることもあります．そういうときは 0.120 と 0.12 は「意味が違う」ということも起こります．しかし，数学では 0.120 と 0.12 は単に表記が違うだけで「実体は同じ」と見なします．

有限小数は「無限小数」として表すこともできます.

例 2.24　$a = 0.5$ という有限小数は

$$\text{等式 2.25}\quad 0.5 = 0.4999999\cdots$$

のように無限小数としても表せます. 等式 2.17 を利用すれば,
等式 2.25 を簡単に導くことができます. まず等式 2.17 の両辺を
10 で割れば $0.1 = 0.099999\cdots$ となり, 次にこの等式の両辺に 0.4
を足せば等式 2.25 が得られます.

例 2.24 と同じ方式で, 有限小数はかならず無限小数で表すこ
とができます. ちょっと試してみてください.

練習問題 2.26　有理数 $12/25$ を有限小数と無限小数の両方で表
せ.

同じ数が 2 通りに小数で表せる, という事態は, 例 2.24 のよ
うな「有限小数を無限小数で表す」という状況に限られることが
わかっています. しかし, 本書ではそのような「一般論」は必要
ないので, 証明は省略します. 本書の中では, 表示の曖昧さを避
けるために,

本書のルール 2.27　有限小数で表せる数は, 有限小数として表す

と決めておくことにします.(「有限」のほうが「無限」より簡単
ですからね.）こうしておけば, 等式 2.17 や等式 2.25 の右辺の
ような表示は考えなくて済みます. ただし, 小数の計算の途中で
は, 等式 2.25 の右辺のような「あるところから先は全部 9」とい
う小数が現れることはあります. しかし,「そういった表示はす

べて有限小数に直すことにする」というのが本書のルール 2.27
の意味するところです.

有限小数を学ぶと

疑問 2.28　有限小数で表される数はどんな数か？

という疑問が生じます. これから疑問 2.28 に答えていきますが,
読者には, まず自分で答えを見つけようとしてみることをお勧め
します.

疑問 2.28 に答えるために, 少し, 用語の確認をしておきましょ
う. 読者に理解しておいていただきたいのは,「有理数の分母」
という表現です.

定義 2.29

(1)　「整数と整数の比」（これは,「整数と整数の商」といっ
ても同じ）として表される数を有理数と呼ぶ[15].

(2)　有理数は, 整数 n と正の整数 m によって n/m と表さ
れる[16]が, n, m の共通の約数が 1 だけである[17]とき,「n/m
は既約分数である」という.

(3)　有理数 α があるとき,「α の分母」とは「α を既約分数
として n/m と表したときの m」のことである.

---

[15]　有理数は実数の一種です. また, 有理数でない実数が存在することが知られて
いて, そのような数を無理数と呼びます（例 2.9 の中の脚注参照）.

[16]　α が負のときは分子の n を負にすることにして, 分母である m は常に正にとっ
ておくことにします.

[17]　このことを「m と n は互いに素である」と表現します（5.1 節参照）.

例 2.30 有理数 2/3 の分母は（当然ながら）3 です．小数 0.12 は 12/100 に等しいので，これも有理数です．ただし，12/100 は既約分数ではなくて，約分して 3/25 が既約分数としての表示です．したがって，0.12 の分母は 25，ということになります．整数も有理数の一種なので，「整数の分母」もあります．これは何でしょうか？答えは，「整数の分母は 1」です．たとえば，整数 5 は 5/1 と表せて，5/1 は既約分数なので，5 の分母は 1，となります．

次の定理 2.31 は，「有限小数は特殊な形の分母をもった有理数だ」ということを主張しています．（定理 2.31 の（1）と（2）は互いに逆の主張になっています．）

定理 2.31

$0 < \alpha < 1$ をみたす実数 α について次のことが成り立つ．

(1) α が有限小数で表されるなら α は有理数であり，さらに，α の分母を割り切る素数は 2 または 5 だけ[18] である．

(2) α が有理数で，α の分母を割り切る素数が 2 または 5 だけであるなら，α は有限小数で表される．

証明 （1）を証明するために，α が表示 2.22 のように（有限

---

[18] この「2 または 5 だけ」という表現は「2 や 5 以外の素因数はない」という意味で，「2 と 5 でかならず割り切れる」という意味では**ありません**．この点には，十分注意してください．たとえば，25（$= 5^2$）を割り切る素数は 2 または 5 だけですが，15（$= 3 \times 5$）を割り切る素数は 2 または 5 だけではありません（3 があります）．

小数として）表されているとする．このとき，表示 2.22 の両辺
に 10^M を掛けると

等式 2.32　$10^M\alpha = a_1 a_2 a_3 \cdots a_M$

が得られる．等式 2.32 の右辺は十進法で表した整数なので，そ
れを N とおいて，等式 2.32 の両辺を 10^M で割ると

等式 2.33　$\alpha = \dfrac{N}{2^M 5^M}$

が得られる（$10^M = 2^M 5^M$ であることに注意）．等式 2.33 の右辺は
既約分数とは限らず，約分する必要があるかもしれない．しかし，
約分の過程で新しい素因数が現れることはないので，約分してで
きる分数の分母の素因数も，2 または 5 だけである．これで（1）
が証明された．

　次に（2）を証明するために，α が有理数で，既約分数として
$\alpha = n/m$ と表されているとする（$0 < \alpha < 1$ であるので，$1 \leq n < m$
が成り立っている）．ここで，m を割り切る素数が 2 または 5 だ
けだとすれば，m は $m = 2^a 5^b$ と表される（a と b は負でない整数）．
すると，a と b の大きいほうを M とおけば[19]，m は 10^M を割り
切る．そこで，$N = n \times (10^M/m)$ とおけば，N は整数で，

等式 2.34　$\alpha = \dfrac{n}{m} = \dfrac{N}{10^M}$

となる．一方，$1 \leq n < m$ であることから $1 \leq N < 10^M$ が成り立つ

---

[19]　「大きいほう」と言われると，「a と b が等しかったら，どうするんだ」という
疑問をもつ人がいるかもしれません．その方には「小さくないほう」と表現したほ
うが“しっくりくる”でしょうか．言葉で表現するとあいまいなので，「$a \geq b$ なら
$M = a$ で，$a < b$ なら $M = b$」と定義すれば“紛れがない”とも思います．最大値
（maximum）を表す記号 max を知っている人なら，$M = \max\{a, b\}$ と書くのが一番
わかりやすいでしょう．

ので, N は（十進法での表示で）M 桁以下の整数である．したがって, N は M 個の数字 a_1, a_2, $\cdots$, a_M によって $N = a_1 a_2 a_3 \cdots a_M$ と表される[20]．このことと等式 2.34 により, $\alpha = 0.a_1 a_2 a_3 \cdots a_M$ が導かれる．これで, α が有限小数で表されることが示された．

（**証明**終わり）

例 2.35 定理 2.31 の証明の理解を助けるために, 数値例を挙げておきましょう.

まず, 定理 2.31 （1）の例として $\alpha = 0.015$ という有限小数を取り上げます．このときは, $M = 3$ で $a_1 = 0$, $a_2 = 1$, $a_3 = 5$ なので, 等式 2.32 は $10^3 \alpha = 15$ ということになります（右辺は 015 ですが, 最初の 0 は省けます；ルール 2.5 参照）．したがって $\alpha = 15/10^3 = 15/1000 = 3/200$ です．3/200 は既約分数で, $200 = 2^3 \times 5^2$ ですから, 確かに, α の分母を割り切る素数は 2 と 5 だけです.

定理 2.31 （2）の数値例として, $\alpha = 7/25$ を取り上げましょう. α の分母である 25 は $25 = 5^2$ と素因数分解できるので, 分母を割り切る素数は 5 だけです（注：定理 2.31 （2）に登場する「2 または 5 だけ」という条件は,「5 だけ」という場合も含んでいます）. この場合, 証明の中の記号では, $n = 7$, $m = 25$, $a = 0$, $b = 2$ であり, M は「0 と 2 の大きいほう」なので, $M = 2$ です．そして, $N = 10^2 \alpha = 10^2 \times (7/25) = 7 \times 4 = 28$ であるので, $\alpha = 28/10^2$ というのが等式 2.34 です．最後に,「（10^2 で割る）＝（小数点を左に 2 つずらす）」という十進法の原理に従えば, $\alpha = 0.28$ が得られます.

---

[20] N の桁数が M より小さいときは $a_1 = 0$ などとなることに注意してください. たとえば, $M = 3$, $N = 17$ なら, $a_1 = 0$, $a_2 = 1$, $a_3 = 7$ となるわけです.

コラム2：二進数と完全数（中編）

　ギリシャ時代には「自然数は，それぞれが人格を持っている」という考え方があったようです（「自然数」とは「正の整数」のことです）．そして，その考えに基づいて，「完全数」というものが「貴重な存在」と見なされていました．さて，「完全数」とは何か，というと，

　　自然数 n が完全数であるとは，自分自身（つまり，n）

　　を除く n の約数の総和が n に等しいこと

となっています．たとえば，$n=6$ なら，n の約数は $1, 2, 3, 6$ で，それから「6自身」を除いたものの総和は $1+2+3=6$ で，これは n に等しいので，「6は完全数である」ということになります．また，$n=8$ の約数は $1, 2, 4, 8$ で，これから8を除いたものの総和 $1+2+4=7$ は8に等しくないので，8は完全数ではないわけです．（ちなみに，「8の約数の総和」の7は8より小さいので，8は「不足数」と呼ばれます．）

　ギリシャ時代に見つかっていた完全数として，6と28と496があります．（6が完全数であることは上で確認しました．28と496も完全数であることを確かめてみてください．）ギリシャ人にとっては，6と28と496は「特別な数」だったわけです．しかし，現代人が6，28，496という数を眺めても，完全数の「特別さ」を感じるのは難しいですよね．でも，それは，現代人がもっぱら十進法ばかりを使っているからです．二進法を通じて完全数を眺めてみると，面白いことがおこります．その「新しい景色」を，コラム3（p.90）でご紹介します．

第3章

種明かし：
循環小数

いよいよ，第1章で出会った「不思議」の解明に取り掛かりましょう．本章では，第1章で登場した数について「からくり」を明らかにします．さらに第5章で，「不思議」の背景にある一般的理論を説明します．

3.1　不思議の解明：前編

「不思議な数：その2」(p.22) はあとでまとめて扱うことにして，ここでは「不思議な数：その1」の $n = 142857$ に集中しましょう．このとき，$n, 2n, \cdots, 6n$ という6つの数について「不思議」がおきていたわけです．読者が「なぜ6つなのか？」という疑問を抱いたとしたら，素晴らしい．まさにそれが，謎の解明の「手がかり」です．「6の次は（当然ながら）7だ」ということで，$7n$ を計算してみましょう．すると，あら不思議

等式 3.1　$7n = 7 \times 142857 = 999999$

となって，「9一色」に染まってしまいます．これは，$n, 2n, \cdots,$ $6n$ までとはまったく違う結果ですね．等式 3.1 が「不思議」の秘密を解き明かすための鍵であることを，本節で説明していきます．また，999999 を2つに分けると 999 が出てくるわけですが，これは「小さな不思議」と関連しています．「小さな不思議」については，3.6 節でまとめて解説することにします．

等式 3.1 は

等式 3.2　$\dfrac{999999}{142857} = 7$

と書けて，これは「999999 が 142857 で割り切れる」ことを示しています（割り切れて，商が 7 になる）．計算すればその通りなのですが，等式 3.2 は，なかなか "見えない" 結果，といえそうです[1].

実は，等式 3.2 に現れる 7 という数が不思議を解明するための「鍵」です．そのことをはっきりさせるには，等式 3.2 を

$$\text{等式 3.3} \quad n = 142857 = \frac{999999}{7}$$

と書き直すほうが分かりやすいです．等式 3.3 では，左辺が「不思議な数」そのもので，右辺に「鍵になる数」の 7 が登場しています．

さて，999999 という数は同じ数字がずっと並んできれいといえばきれいですが，数字がたくさん並びすぎていて，何だか "煮詰まっている" 感じです．そこで，"もう一歩進めて" みると

$$999999 + 1 = 1000000 = 10^6$$

という "軽やかな" 数が得られます．この等式から得られる $999999 = 10^6 - 1$ を等式 3.3 に代入して簡単な変形をすると

$$\text{等式 3.4} \quad n = 142857 = \frac{10^6 - 1}{7} = 10^6 \times \frac{1}{7} - \frac{1}{7}$$

となります．等式 3.4 を眺めると，1/7 という分数が "浮かび上がって" きますね．そこで 1/7 のことを α という記号で表すことにすると，等式 3.4 は

$$\text{等式 3.5} \quad n = 142857 = 10^6 \alpha - \alpha$$

---

[1] もし身近に割り算を教わったばかりの小学生がいたら，等式 3.2 や等式 3.3 の計算をしてもらうのはいかがでしょうか．ちょうどよい練習になると思いますよ．

と表せます．等式 3.5 の右辺に現れる α は整数ではないのに，等式 3.5 の左辺が整数であることが不思議の「からくり」なのです．

さて，ここから，第 2 章で説明した「小数」が大きな役割を果たし始めます．ポイントは，「有理数 α を小数で表すこと」です．「1/7 を小数で表す計算なんかすぐできるさ」という読者も多いと思います．その計算を実行することをお勧めします．計算結果をじっくり眺めると，びっくりするかもしれません．

しかし，実は

等式 3.5 があれば，割り算などしなくても

α の小数表示はすぐにわかる

ということになっていて，それが重要な論点です．説明を始めましょう．まず $0<\alpha<1$ なので，α の整数部分（つまり，$j \leqq \alpha < j+1$ をみたす整数 j）は 0 です．したがって，α の小数表示は

等式 3.6　$\alpha = 0.a_1 a_2 a_3 \cdots$

という形になります（a_1, a_2, a_3, $\cdots$ は 0 から 9 までの数字のどれか）．また，$\alpha(=1/7)$ は有限小数では表せない（定理 2.31（1）参照）ので，等式 3.6 の右辺は無限小数であることにも注意しておきましょう．ここで，等式 3.5 の右辺に注目します．本書で扱っている小数は十進小数なので，$10^6 \alpha$ の小数表示は α の小数表示を "ずらす" だけで得られます（2.3 節の最後の説明を参照してください）．つまり，等式 3.6 から

等式 3.7　$10^6 \alpha = a_1 a_2 a_3 a_4 a_5 a_6 . a_7 a_8 \cdots$

が得られるわけです（小数点の位置に注意）．等式 3.6 と等式 3.7 を意識して，等式 3.5 を眺めましょう．α も $10^6\alpha$ も整数ではありませんが，等式 3.5 は，「この 2 つの数の差は整数で，その整数は 142857 だ」ということを示しています．等式 3.6 と等式 3.7 によって，等式 3.5 が

$$a_1a_2a_3a_4a_5a_6 = 142857,\ \text{かつ}\quad a_7 = a_1,\ a_8 = a_2,\ \cdots$$

を意味していることがわかります．このことと等式 3.6 から

等式 3.8 $\quad \alpha = 0.142857\ 142857\ 142857\cdots$

が得られます．等式 3.8 の右辺では，142857 という数字の並びが延々と繰り返されています．（注意：等式 3.8 の右辺では，見やすくするために 7 と 1 の間に少し空白をいれて書いています．純粋に小数としてみれば，この空白は省くべきものです．）このような小数を「循環小数」と呼びますが，循環小数の説明は 3.4 節でおこないます．

3.2　不思議の解明：後編

等式 3.8 から出発すれば，表 1.2 の「不思議」はすべて解明されます．ここでは，1/7 をそのまま使ったほうが分かりやすいと思うので，α を 1/7 で置き換えましょう．すると，等式 3.8 は

等式 3.9 $\quad \dfrac{1}{7} = 0.142857142857142857\cdots$

となります．（注意：等式 3.8 にあった空白を取り去っています．

同じ数字の並びがずっと繰り返されていることを確認してください.）ここで，小数が十進法で表示されていることを思い出して，等式 3.9 の両辺を 10 倍してみます．すると

等式 3.10 $\quad \dfrac{10}{7} = 1.42857142857142857\cdots$

となります（2.3 節参照）．また，10 を 7 で割ると

等式 3.11 $\quad 10 = 1 \times 7 + 3$

となることから

等式 3.12 $\quad \dfrac{10}{7} = 1 + \dfrac{3}{7}$

が成り立っています．等式 3.10 と等式 3.12 を較べると

等式 3.13 $\quad \dfrac{3}{7} = 0.42857142857142857\cdots$

が成り立つことがわかります．等式 3.13 の右辺の小数は 428571 という数字の並びが繰り返されています.

さて，ここで少し視点を変えてみましょう．等式 3.13 は 3/7 の小数表示で，等式 3.9 は 1/7 の小数表示でした．当然ながら，

$$\dfrac{3}{7} = 3 \times \dfrac{1}{7}$$

という関係がある[2]ので，小数についても同じ関係が成り立っているはずです．ということで，等式 3.9 と等式 3.13 の右辺を較べると

$0.428571\ 428571\ 428571\cdots = 3 \times (0.142857\ 142857\ 142857\cdots)$

となっているはずです（見やすいように，数字を 6 つごとに区切っ

---

[2]　当たり前の等式を大げさに書いてすみません．でも，これが大切なのです.

て，境目に空白を入れました）．この等式は

等式 3.14　$428571 = 3 \times 142857$

と同じです．

　話が長くなったので，要点をまとめましょう．分数 1/7 について，「10 倍する」という操作と「3 倍する」という操作があります．これを小数のほうで考えると，「10 倍する」のは「（小数に表れる）数字の並びを 1 つずらす」という効果があります（十進法なので）．また，「3 倍する」のは，普通に小数を 3 倍する計算で求められます（いまの場合は，等式 3.14 のこと）．この 2 つの操作が等式 3.11 によって結びついているので，3 倍すると並びが 1 つずれるという現象がおきていたのです．これは，表 1.8 で，$j = 3$ のときには $c_j = 1$ だ，ということに対応しています．

　現象の確認のために，「（並びが）2 つずれる」ときの状況も考えてみましょう．小数の数字を 2 つずらすことは「10^2 を掛ける」ことと同じです（2.3 節参照）．そして，簡単な割り算で，$10^2 = 14 \times 7 + 2$ であることがわかります．これと

$$10^2 \times \frac{1}{7} = 14.2857142857\cdots, \quad \frac{2}{7} = 2 \times 0.142857142857\cdots$$

という等式から

$$285714 = 2 \times 142857$$

が成り立っていなくてはならない，という理屈になっています．これは表 1.8 で $j = 2$ のとき $c_j = 2$ だ，という現象の説明になっています．

　これまでの説明で「不思議」を解明する理屈は理解されたかと

思います．でも，少ししつこいですが，重要な点なので，もう一度まとめて計算してみましょう．つまり，次々と 10 のベキ乗をとり，それを 7 で割った余りを求めます．結果は，

計算 3.15

$$10^1 = 1 \times 7 + 3$$
$$10^2 = 14 \times 7 + 2$$
$$10^3 = 142 \times 7 + 6$$
$$10^4 = 1428 \times 7 + 4$$
$$10^5 = 14285 \times 7 + 5$$
$$10^6 = 142857 \times 7 + 1$$

となります．

注意 3.16 計算 3.15 に関する注意点です．

(1) 1 行目の 10^1 は（もちろん）10 のことです．しかし，他の式にそろえて，敢えてベキ指数として 1 を書いてあります．1 行目の左辺は，「10^k で $k = 1$ の場合」ということでもあります．

(2) 2 行目の等式を得るには，$10^2 = 100$ を 7 で割り算してもいいのですが，1 行目を利用するほうが簡単です．つまり，1 行目で $10 = 1 \times 7 + 3$ がわかっているので，この等式の両辺を 10 倍すれば，

$$10^2 = 10 \times (1 \times 7 + 3) = 10 \times 7 + 30$$
$$= 10 \times 7 + (4 \times 7 + 2) = 14 \times 7 + 2$$

となって，2 行目が得られます．同じように，3 行目を得るに

は2行目を10倍して，$20 = 2 \times 7 + 6$ を使えばいいです．計算3.15を導くには，このような「芋づる式」の方法が便利です．

(3) 計算3.15が6行目で終わっている理由も，押さえておきましょう．(2) で述べた「芋づる式」の計算をすることにして，6行目を10倍します．すると，$10^7 = 1428570 \times 7 + 10$ となり，次は，「10を7で割る」ことになります．しかし，この割り算は1行目と同じで，余りは3です．結局，計算3.15を7行目以降に延長しても，それは「同じ余りが繰り返し登場するだけ」なのです．

計算3.15の"趣旨"は，「左辺にある10のベキ乗を7で割り算して余りをとる」ということでした．これは，計算3.15のそれぞれの式を「左から右」に見ていることになります．ここで，見方を逆転して，それぞれの式を「右から左」に眺めてみましょう．つまり，右辺に出ている余りをjと書いて，左辺を10^{c_j}としてみます．すると，このときのjとc_jの関係は，表1.8での関係と同じです．

以上が，問題1.10に対する「種明かし」です．表1.8でのjとc_jの関係は，

n を j 倍すると，並びが c_j ずれる

ということでした．これは$1/7$を10^{c_j}倍することとj倍することがつながっている，という関係です．つまり，jとc_jは

法則 3.17　10^{c_j} を 7 で割ったときの余りが j である

という関係でつながっています．この法則 3.17 は

法則 3.18　差 $10^k - j$ が 7 で割り切れるような整数 k が c_j である

と言い換えることもできます（ただし，k は $0 \le k \le 5$ の範囲から
選ぶ）．

　以上の考察から，1.1 節で登場した「不思議」は

$$10 \text{ のベキ乗を } 7 \text{ で割った余り}$$

に由来している，ということが明らかになりました．

3.3　「不思議な数：その 2」も同じこと

　1.4 節の $m = 076923$ についても，理屈は同じです．表 1.17 で
は m の 12 倍まで計算しましたが，この場合も「その次」を計算
してみることが解決の鍵となります．つまり，m を 13 倍してみ
るのです．計算を実行すると

等式 3.19　$13 \times 076923 = 999999 = 10^6 - 1$

となり，この場合は 13 が「隠されていた数」であることがわか
ります．等式 3.19 の両辺を 13 で割っておいて，$1/13$ を β と書くと

等式 3.20　$076923 = 10^6 \beta - \beta$

となり，これが等式 3.5 に対応することになります．ここで，整
数 k について 10^k を 13 で割り算してみると

計算 3.21

$$10^1 = 0 \times 13 + 10$$

$$10^2 = 07 \times 13 + 9$$

$$10^3 = 076 \times 13 + 12$$

$$10^4 = 0769 \times 13 + 3$$

$$10^5 = 07692 \times 13 + 4$$

$$10^6 = 076923 \times 13 + 1$$

となります.（注意：2 行目以降の 07, 076, …では 0 は省いて 7, 76, …と書くのが普通です.しかし，m の頭に 0 を書いたのと同じ事情で，敢えて 0 を書いておきました.）

前節と同じように，計算 3.21 の式の左辺を 10^j と書いて右辺に出ている余りを j と書いてみましょう.そうすると，このときの j と c_j の関係は，表 1.18 ① の「m の組」の関係と同じです.

計算 3.21 の右辺に出てくる余りは「13 で割った余り」なので，1 から 12 の範囲にあって[3]，12 個の可能性があります.しかし，計算 3.21 に登場する余りはそのうちの半分の 6 個だけです（小さい順に，1, 3, 4, 9, 10, 12 の 6 個）.そこで，「出てこない余り」で一番小さい 2 を取り上げて，2×10^k を考えてみます.（注意：$k = 0$ のとき $2 \times 10^k = 2 \times 10^0 = 2 \times 1 = 2$ です.）そして，計算 3.21 と同様に「13 で割った余り」を計算してみましょう.すると

---

[3] 10^k が 13 で割り切れることはないので，余りは 0 にはならないことに注意.

第3章　種明かし：循環小数

63

計算 3.22

$$2 \times 10^1 = 1 \times 13 + 7$$

$$2 \times 10^2 = 15 \times 13 + 5$$

$$2 \times 10^3 = 153 \times 13 + 11$$

$$2 \times 10^4 = 1538 \times 13 + 6$$

$$2 \times 10^5 = 15384 \times 13 + 8$$

$$2 \times 10^6 = 153846 \times 13 + 2$$

となります。計算 3.22 の最後の式を 13 で割って，前節と同じ議論をすれば

$$\frac{2}{13} = 0.153846153846\cdots$$

が得られます。また，計算 3.22 の「10 のべき（$= 10^k$ の k）」と「13 で割った余り」の対応は，表 1.18 ②（p.24）の「$2m$ の組」の対応と同じです。

結局，$m = 076923$, $2m = 153846$ の場合の「不思議」の理由も $n = 142857$ の場合と同じで，「10 倍する」という操作と「13 で割った余りを取る」という操作の関連にあります（2 つの場合の違いは，「7 で割る」か「13 で割る」か，だけです）。数 1 から出発して，10 倍してから 13 で割った余りを取る，という操作を繰り返すと

ループ 3.23 $1 \to 10 \to 9 \to 12 \to 3 \to 4 \to 1$

となります（計算 3.21 参照）。最後に 1 に戻ってきたので，あとは同じことの繰り返しです。$n = 142857$ の場合と違うのは，12 個ある余りの中の 6 個しか登場しなかったことです。（$n = 142857$

64

の場合は7で割っていたので,「余り」として出てくる数値は6個あって,計算3.21では,その6個がすべて登場しました.)登場しなかった余りである2から始めて同じ操作[4]を繰り返すと,計算3.22からわかるように

ループ3.24 $2 \to 7 \to 5 \to 11 \to 6 \to 8 \to 2$

となって,あとは同じことの繰り返しです.ループ3.24の中に,"取り残されていた"余りがすべて現れました.つまり,ループ3.23とループ3.24を合わせれば「0以外の余り」がすべて登場している,ということです.

3.4 循環小数と純循環小数

等式3.9をもう一度書いてみると

$$\frac{1}{7} = 0.142857142857142857\cdots$$

となります.この等式の右辺の小数は142857という数字の並びが延々と繰り返されるパターンになっていて,これが142857という整数の「不思議」の理由だ,というのが3.2節の説明のポイントでした.

ここで登場した「同じ数字の並びが繰り返される」という小数は「循環小数」と呼ばれています[5].本書で扱う事柄はすべて循

---

[4] しつこいですが,念のために書いておくと「10倍してから13で割った余りを取る」という操作です.

[5] 数学の世界では,「同じものが繰り返される」というパターンを「周期的」と呼ぶことも多いです.小数についても周期的という言葉を使ってもよさそうですが,小数の場合は習慣として「循環」という言葉が当てられています.

環小数に関わっている，と言ってもいいです．

「同じ並びが繰り返される」と言っても，「繰り返しはどこから
おこるのか？」という点には注意が必要です．つまり，「一番最
初から繰り返しがおこる」というパターンと「（最初のうちはバ
ラバラだが）あるところから先は繰り返しがおこる」というパタ
ーンです．前者のパターンを「純循環」と呼び，後者を，単に「循
環」と呼びます（正確な定義は，定義 3.26 で与えます）．「ある
ところから先」というのが「一番最初から」になっていても OK
なので，「純循環小数は循環小数」です．しかし，（当然ながら）
逆は成り立っていなくて，循環小数で純循環小数でないものは存
在します．

例 3.25 小数展開の例をいくつか見てみましょう．最初の 4 つ
の例は簡単な計算で求められますね．$\sqrt{2} = 1.41421356\cdots$ はよく
知られている小数だと思います（ここでは，0. で始まる小数にす
るために 1 を引いています）．

$$\frac{2}{3} = 0.66666\cdots$$

$$\frac{1}{6} = 0.16666\cdots$$

$$\frac{1}{37} = 0.0270270270\cdots$$

$$\frac{5}{44} = 0.11363636\cdots$$

$$\sqrt{2} - 1 = 0.414213562\cdots$$

この中で純循環小数なのは 2/3 と 1/37 です．1/37 は最初から
027 という数字の並びが繰り返されています．2/3 は数字 6 が繰

り返されています．この場合は数字が1つだけなので「数字の並び」という言葉に違和感があるかもしれませんが，「並ぶ数字の個数が1個」という場合も「並び」の仲間に入れて考えるのが「数学流」です（その方が，話が単純になって，便利です）．5/44 は最初の11は繰り返しのパターンには入りませんが，その後からは36が繰り返されています．したがって，「5/44 は循環小数だが純循環小数ではない」となります．同じ理由で，1/6 も循環小数ですが純循環小数ではありません．最後の $\sqrt{2}-1$ は「繰り返しのパターン」が見えてこなくて「バラバラ」という印象です．ただし，上に書いてあるところよりずーっと先から循環が始まっているかもしれません．したがって，どんなに頑張って計算しても，「循環していない」という結論に至ることはできません．しかし，実際には，あとで証明する定理 3.42 と「$\sqrt{2}$ は無理数である」というよく知られた性質（例 2.9 での脚注を参照）を使うと，$\sqrt{2}-1$ が循環小数では**ない**ということがわかります．

例 3.25 で「循環」のイメージはわかってもらえたかと思います．ここで，循環小数を正式に定義しておきましょう．循環小数では「小数点以下」を問題にするので，小数は 0. で始まるものだけを考えることにします．

定義 3.26

0 と 1 の間にある実数 α が

$$\alpha = 0.a_1 a_2 a_3 \cdots$$

と小数展開されているとする.

(1) α が循環小数であるとは,

条件 3.27 $k \geqq K$ をみたすすべての自然数 k について $a_{k+L} = a_k$ が成り立つような正の整数 K と L が存在することをいう(k は自然数を表している).

(2) α が純循環小数であるとは, ある自然数 L が存在して

    条件 3.28 すべての自然数 k について $a_{k+L} = a_k$

が成り立つことである[6].

(3) α が循環小数であるとき, K と L を条件 3.27 をみたす自然数とする. さらに, L として, 「最小の値」を選んでおく (右ページの注意 3.29 参照). このとき, 数字の列 $a_K a_{K+1} \cdots a_{K+L-1}$ を (循環小数 α の)「循環節」と呼び, L を「循環節の長さ」と呼ぶ.

(4) α が循環小数であるとき, 循環節の上に横線を引いて, 循環小数であることを書き表す. つまり, 条件 3.27 が成立しているとき

$$\alpha = 0.a_1 \cdots a_{K-1} \overline{a_K a_{K+1} \cdots a_{K+L-1}}$$

と表示する. (こうすると, 循環節が明確になって, わかりやすい.)

---

[6] 条件 3.28 は, 「$K = 1$ として条件 3.27 が成立する」ということと同じです.

定義 3.26（1）の条件 3.27 は，ちょっと "コワイ" ように見えるかもしれません．しかし，主張していることは簡単なので，解説しておきましょう．条件 3.27 の内容は，小数展開に現れる数字の列 $a_1, a_2, a_3, \cdots$ が

（ⅰ）$a_1, \cdots, a_{K-1}$ は循環には関係ない

（ⅱ）a_K から先で循環がおこっている

（ⅲ）循環というのは，$a_K a_{K+1} \cdots a_{K+L-1}$ という L 個の数字の並びが繰り返されること

という状況になっていることです．そして，「純循環」というのは $K=1$ の場合なので，上記の（ⅰ）はナシ，となり，（ⅱ）の「a_1 から先」というのは「一番始めから」と同じ意味になるわけです．

注意 3.29　定義 3.26（3）の「最小」の意味を説明します．抽象的に考えるとわかりにくいので，まず例を挙げてみます．たとえば

$$\alpha = 0.1212121212 \cdots$$

という，12 が繰り返される小数を考えましょう．この場合，

表現 3.30　12 が繰り返されている

と見なすのが自然でしょう．しかし，同じ小数を

表現 3.31　121212 が繰り返されている

と捉えることもできます．（条件 3.27 に登場する記号の値を確認しておきましょう：表現 3.30 では $K=1$，$L=2$ となっていて，表現 3.31 では $K=1$，$L=6$ です．）つまり，表現 3.30 の 12 という

繰り返しを"3つセットにして"表現したのが，表現 3.31 です．同じことを，「表現 3.31 の繰り返しは，さらに細かい繰り返しに分割できる」と表現してもいいです．実際に循環小数を扱うときは，表現 3.30 のように捉えるのが良くて，表現 3.31 を考えるのは効率が悪いですね．これは，循環するもの（＝循環節）を扱うときは「最小単位」を考察するべきだ，という"教訓"を与えます．そして，「最小単位」とは何か？，という問いに対する答えは，「条件 3.27 をみたす L の中で最小値を採用すればよい」ということになるわけです．（表現 3.30 と表現 3.31 の対比でいえば，「$L=6$ ではなく $L=2$ を採用する」ということです．）これが，定義 3.26（3）の文章の意味です．

定義 3.26（3）に限らず，数学では，「条件をみたすものはたくさんあるが，その中で最小値を選ぶ」という状況がよく起こります．（もちろん，「最小値」の代わりに「最大値」を考えることも多いです．）何かを考えるときの「パターン」の1つとして，頭の中の"武器庫"にしまっておくと便利です．

例 3.32 有限小数も循環小数の"仲間"であることは忘れないでください（仲間はずれ，はかわいそうですから）．なぜなら，有限小数は「無限に続く 0」を省略して書き表しているわけです．なので，省略するのをやめて 0 をちゃんと書けば，「0 が循環している」ということで，循環小数なのです．たとえば，0.5 は 0.50000 …のことなので，定義 3.26（1）に当てはまります（$K=2$, $L=1$ で，$a_1=5$, $a_2=a_3=\cdots=0$）．また，0.5 は等式 2.25 のように表すこと

もできますが，等式 2.25 の右辺の $0.4999\cdots = 0.4\overline{9}$ も循環小数です（ただし，本書ではこの表示は扱いません）．

参考のために，例 3.25 の数値について K と L の値，循環節，横線を使った表示，をまとめると，表 3.33 ができます．（$\sqrt{2}-1$ は循環小数ではないので "対象外" ですが，そのことを明確にするために「ナシ」と書いておきました.）

α	K	L	循環節	横線での表示
2/3	1	1	6	$0.\overline{6}$
1/6	2	1	6	$0.1\overline{6}$
1/37	1	3	027	$0.\overline{027}$
5/44	3	2	36	$0.11\overline{36}$
$\sqrt{2}-1$	ナシ	ナシ	ナシ	ナシ

表 3.33

さて，どんな実数も小数で表されるわけですが，その中で循環小数（または，特に純循環小数）で表されるのはどんな数でしょうか？次節で，この疑問について考察します．

3.5 循環小数と有理数

第 1 章の「不思議」の解明には，1/7 や 1/13, 2/13 という有理数の小数展開が純循環小数であることが重要でした．そうなると，（純）循環小数と有理数の関係が気になります．この節では，この関係を明らかにします．

結論は，「循環小数と有理数は同じもの」となります．「同じもの」という表現は，「表記が違うだけで実体は同じ」という意味です．たとえば，$1/3$ と $0.333333\cdots$ は，前者は分数による表記，後者は小数による表記で，「見かけ」は違います．しかし，両者の実体は同じで，等式 $1/3 = 0.333333\cdots$ が成り立ちます．とはいえ，「数学」を"しっかりと"解説することが目的である本書にとって，「同じもの」という表現だけでは，あまりに"大ざっぱ"で，十分とは言えません．ということで，数学的に正確な主張を，本節の4つの定理にまとめてみました．

　2.2節で説明したように，どんな実数 x も $x = [x] + <x>$ という形で「整数部分 + 小数部分」として表されます．また，整数も有理数なので，「x は有理数か」という問いは「$<x>$ は有理数か」という問いと同じです．この事情で，本節では0と1の間にある数だけを考察の対象とし，この条件をみたす数を α と表すことにします．

　まず最初は，循環小数から出発して，

循環小数は，有理数である

ことを示しましょう[7]．定理3.42がそのことを主張しています．しかし，循環小数より純循環小数のほうが形が単純なので，まず最初は，純循環小数を扱った定理3.34を証明します．

---

[7] 「逆方向の問題のほうが気にかかる」という人は，先に定理3.44を見てください．

定理 3.34

$0 < \alpha < 1$ をみたす実数 α の小数展開が純循環だとする．このとき，α は有理数である．さらに，α の分母は 2 でも割り切れないし，5 でも割り切れない[8]．

定理 3.34 の証明を始めましょう．α が純循環小数であるという仮定から，

等式 3.35 $\quad \alpha = 0.\overline{a_1 a_2 \cdots a_L} = 0.a_1 a_2 \cdots a_L a_1 a_2 \cdots a_L \cdots$

と表されます（定義 3.26 参照；L は循環節の長さ）．等式 3.35 の両辺を 10^L 倍すると，

等式 3.36 $\quad 10^L \alpha = a_1 a_2 \cdots a_L . a_1 a_2 \cdots a_L a_1 a_2 \cdots a_L \cdots$

となります（小数点の位置に注意）．等式 3.35 と等式 3.36 では，右辺の数の小数点の右側がまったく同じです．したがって，等式 3.36 から等式 3.35 を引くと小数点以下が打ち消して，差は整数になります．つまり，

等式 3.37 $\quad (10^L - 1)\alpha = a_1 a_2 \cdots a_L$

ということです．等式 3.37 の右辺は十進法で表された整数なので，それを N と書くと，等式 3.37 から

等式 3.38 $\quad \alpha = \dfrac{N}{10^L - 1}$

---

[8] 「有理数の分母」については定義 2.29（p.48）を参照してください．また，「2 でも割り切れないし，5 でも割り切れない」という表現は「10 と互いに素である」ということと同じです．ここでは「互いに素」という表現になれていない読者のためにこのように書いてみました．「互いに素」については，5.1 節を参照してください．

が得られます. まず, 等式 3.38 は α が有理数であることを示しています. さらに, 等式 3.38 の右辺の分母は 2 でも 5 でも割り切れません [9]. 等式 3.38 の右辺は既約分数とは限りませんが, これを約分して既約分数にしても「分母が 2 でも 5 でも割り切れない」ことには変わりありません. これで, 定理 3.34 が証明できました.

(**証明**終わり)

例 3.39 定理 3.34 の証明の理解のために, $\alpha = 0.\overline{12}$ の場合を考えてみましょう. この場合は, 上の記号では $L = 2$ ということなので, α を $100(=10^2)$ 倍すると, $100\alpha = 12.\overline{12}$ となります(これが, 等式 3.36 に相当している). α と 100α の小数点以下の数字はすべて同じなので, 両者の差をとると

$$99\alpha = 100\alpha - \alpha = 12$$

となります(等式 3.37 に相当). この等式の両辺を 99 で割れば $\alpha = 12/99$ となり(等式 3.38 に相当), さらに約分をおこなって, 最終的に $\alpha = 4/33$ となります. これで $\alpha = 0.\overline{12}$ が 4/33 という形の有理数であることがわかりました. そして, 分母の 33 は, 確かに 2 でも 5 でも割り切れません.

右ページの定理 3.42 で,「循環小数は有理数である」という事実を証明します. 定理 3.42 の証明は記号を使っておこないます

---

[9] これは「明らか」と言っていいかと思いますが, 念のために説明しておきます. $10^L - 1 = M$ とおくと, $10^L - M = 1$ です. 10 は 2 で割り切れるので, もし M が 2 で割り切れると, 1 が 2 で割り切れることになってしまい, 矛盾です. したがって, M は 2 では割り切れません. 同じ議論で M が 5 で割り切れないこともわかるので, M は 2 でも 5 でも割り切れないことになります.

が，わかりやすいように，まず実例を見ておきましょう．

例 3.40 ここでは，$\alpha = 0.25\overline{12}$ という循環小数を考えましょう．（定義 3.26 の記号では，この場合，$K = 3$, $L = 2$ となっています．）この小数は

等式 3.41 $\quad 0.25\overline{12} = 0.25 + 0.00\overline{12}$

と和の形で表せます．まず，等式 3.41 の右辺の第 1 項は有限小数なので，有理数です（定理 2.31 (1) 参照：いまの場合は，0.25 = 1/4 ということ）．等式 3.41 の右辺の第 2 項を 100 倍して小数点をずらすと $100 \times 0.00\overline{12} = 0.\overline{12}$ となります．ここで例 3.39 を参照すると，$0.\overline{12} = 4/33$ であるので，これも有理数です．したがって，等式 3.41 から

$$\alpha = 0.25\overline{12} = \frac{1}{4} + \frac{1}{100} \times \frac{4}{33} = \frac{829}{3300}$$

となり，α が有理数であることがわかります．

いよいよ，循環小数の"正体"を明らかにしましょう．次の定理が成り立ちます．

定理 3.42

$0 < \alpha < 1$ をみたす実数 α の小数展開が循環小数であるなら，α は有理数である．

これから定理 3.42 を証明します．記号が多くて分かりにくい，と感じる方は，例 3.40 を参照してください．証明での議論の流

れは，例 3.40 と同じです．

まず，α が循環小数で表されると仮定し，定義 3.26（4）のように表されているとします．この状況で，

等式 3.43
$$\alpha = 0.a_1 \cdots a_{K-1}\overline{a_K a_{K+1} \cdots a_{K+L-1}}$$
$$= 0.a_1 \cdots a_{K-1} + 0.00 \cdots 0\overline{a_K a_{K+1} \cdots a_{K+L-1}}$$
$$= 0.a_1 \cdots a_{K-1} + 10^{-K+1} \times 0.\overline{a_K a_{K+1} \cdots a_{K+L-1}}$$

が成り立ちます．

等式 3.43 について注意を述べておきます．2 行目の第 2 項では小数点のあとに 0 が $K-1$ 個並んでいます．また，小数を 10 で割る（＝1/10 を掛ける）と小数点が 1 つ右にずれますが，2 行目から 3 行目への変形では，この操作を $K-1$ 回おこなっています（注：$10^{-K+1} = (10^{-1})^{K-1}$ です）．

さて，等式 3.43 に現れた小数 $0.a_1 \cdots a_{K-1}$ は有限小数なので，有理数です（定理 2.31（1）参照）．また，定理 3.34 によって，純循環小数である $0.\overline{a_K a_{K+1} \cdots a_{K+L-1}}$ も有理数です．したがって，$10^{-K+1} \times 0.\overline{a_K a_{K+1} \cdots a_{K+L-1}}$ も有理数です．このことと等式 3.43 によって，α は 2 つの有理数の和となっているので，α 自身が有理数です．これで，定理 3.42 が証明されました．　　（**証明**終わり）

次の問題は，「有理数の小数展開はどんな形をしているか？」です．この問題には明快な答えがあって，次の定理が成り立ちます．

定理 3.44

有理数の小数展開は循環小数である.

定理 3.44 を見て,「難しそう」と思いますか？実は,数値例を扱ってみるとわかりますが,定理 3.44 は小学生が気付いてもおかしくない内容なのです[10].つまり,具体的数値を 1 つ試してみれば,定理 3.44 の主張していることはすぐに納得できます.その一方で,「定理 3.44 を厳格に証明せよ」となると,記号をいくつも用意することになって,面倒なのです.ということで,ここでは「厳格な議論」はやめておきます.そのかわりに,まず定理 3.44 の例を 1 つ示して,その後で証明の方針を説明します.

例 3.45 有理数 5/44 を小数で表しましょう.そのために,図 3.46 のように割り算をします.

```
        0.1136
  44)5
      0
      50
      44
       60
       44
      160
      132
       280
       264
        160
```

図 3.46

---

[10] 定理 3.44 のような「物言い」をするのは小学生には無理かもしれません.しかし,具体的な数値についてなら,小学生にも理解できると思います.

図 3.46 は（0 を降ろしてきたあとで）160 が出てきた「場面」で止めてあります．これに続けて，「160 を 44 で割ると（商として）いくつが立つか」を考えますか？そう，その必要はありません．なぜなら，160 は既に登場していて「160 を 44 で割る」という計算はもう済んでいる，からです．そう考えると，このあとは 36 が繰り返されるだけであることが見てとれます．したがって，

$$\frac{5}{44} = 0.11363636\cdots = 0.11\overline{36}$$

が得られます．もちろん，この式の右辺は循環小数です．

例 3.45 を眺めて考えてみれば，定理 3.44 が成り立つ理由が "腑に落ちる" と思います．一般的に，有理数 $\alpha = n/m$ を小数で表すことを想定しましょう（m, n は自然数）．そのためには，図 3.46 のような方式で，「n を m で割る」という計算をおこなうことになります．その作業を思い浮かべましょう．もし，この割り算が途中で終わってしまえば（つまり，どこかで割り切れてしまえば），α は有限小数になります．そして，有限小数は循環小数（定理 2.31（1）参照）なので，α は循環小数です．これ以降は，割り算が無限に続く場合を考察しましょう．すると，最初のうちはゴタゴタした数値が出てくるかもしれませんが，ある時点から先は，

（m で割った余りに対して）0 を降ろしてきて，

その数値を m で割って，余りをとる

という操作を繰り返すことになります．そして，「m で割った余り」

というのは有限個しか可能性がありません[11]から，それに対して0を降ろした数も，有限個しか可能性がありません．1回の操作で得られる数は有限個の選択肢の中から選ばれて，操作自体は無限に繰り返されるわけです．すると，操作を続けるうちのどこかの時点でかならず，「以前に登場した数がまた出てきた」という事態がおこります[12]．そして，一度（ひとたび）この事態がおこれば，そこから先は，以前の操作の繰り返しです．割り算が繰り返しになることに対応して，得られる小数が循環小数になるのです．これが，定理3.44が成り立つ「メカニズム」というわけです．（説明終わり）

定理が3つも続いたので，状況を整理してみましょう．実数の中で分数（＝2つの整数の比）で表されている数が有理数で，有理数でない実数が無理数でした．したがって，実数全体は有理数と無理数に二分（にぶん）されています．一方で，どんな実数もかならず小数として表されます．そして，小数は，純循環小数・（純循環でない）循環小数・循環しない小数，と分類されます[13]．

結局，「実数」という1つの対象が，一方では「有理数・無理数」と2つに分けられ，同時に別の観点から，「純循環・（純循環でない）循環・循環しない」と3つに分けられています．この2通りの分類法の関連（または，絡み合い（からみあい））が本節のテーマです．ここ

---

[11]　余りは「0と$m-1$の間の整数」なので，m個の可能性しかありません．この場合は，「m個」という具体的数値は必要ではなくて，「無限の選択肢はない」という論点だけが重要です．なので，敢えて「m個」という数値は無視して，単に「有限個」というのが普通です．

[12]　例3.45でいえば，図3.46の最後の行で160が出てきたとき，です．

79

までに証明した3つの定理の内容をまとめてみると，

証明済み 3.47

循環小数　⇒　有理数（定理 3.42）

有理数　⇒　循環小数（定理 3.44）

純循環小数　⇒　有理数で，分母が 2 でも 5 でも割り切れない

（定理 3.34）

となります（注：⇒は「ならば」を表す記号です）．証明済み 3.47
の最初の 2 つのことから，

循環小数とは有理数の小数展開のことである

と"言い切れる"ことがわかります．

ところで，証明済み 3.47 が 3 行で終わっているのが気になり
ませんか？そう，証明済み 3.47 の 1 行目と 2 行目はお互いに「逆」
の主張なので，「証明済み 3.47 の 3 行目（＝定理 3.34）の逆」が
成り立つかどうかが，疑問になります[14]．この点が，まだ決着が
ついていないのです．読者には，「定理 3.34 の逆」が成り立つか

---

[13]　この分類について補足しておきます．まず，数字の並びのパターンから，（小数が）循環するかしないかの 2 つに分けられます．そして，循環小数の特別な場合として「純循環」があるので，循環小数が「純循環なもの」と「そうでないもの」に分けられるのです．ここで，「特別な場合」という言葉を使う理由は，「純循環ならば循環」が成り立っていて，しかもその逆は成り立っていない（つまり，循環でも純循環とは限らない）からです．言葉の使い方の"感じ"は，「銀行預金の特別な場合として定期預金がある」というときと同じです．「特別な場合」は英語ではspecial case なので，「特殊な場合」と表現したほうが良いのかもしれません．でも，筆者はいつも「特別な場合」と言ってしまいます．

[14]　「分母が 2 でも 5 でも割り切れないけれども小数展開は純循環でない」という有理数があるかもしれません．定理 3.34 はそのような有理数を排除していないことを確認してください．

どうか，を自分で考察してみることを勧めます．

とはいえ，スペースの関係で，いきなり答えを書いてしまうしかありません[15]．実は，「定理 3.34 の逆は正しい」というきれいな結果があります（定理 3.48）．

定理 3.48

有理数 α は $0<\alpha<1$ をみたすとする．α の分母が 2 でも 5 でも割り切れないなら，α は純循環小数で表される．

筆者の"証明力[16]"が足りないだけかもしれませんが，定理 3.48 を素朴な割り算の知識だけで証明するのは難しいように思われます．しかし，第 5 章で導入する合同式の考えを利用すれば，自然な流れに沿って定理 3.48 を証明することができます．ただし，本書は「予備知識ナシ」で読めることを目標にしているので，実際に証明をするのは「α の分母が素数の場合」だけです（それが，定理 6.3）．とはいえ，定理 3.48 は定理 6.3 と同じ考え方で証明できます．読者には，定理 6.3 の証明を理解したあとに，定理 3.48 の証明にチャレンジすることをお勧めします（練習問題 6.48）．

---

[15] ここでまた話を引っ張ると，編集部の成田さんに怒られます．

[16] 「消臭力」ではない．

3.6 「小さな不思議」について

小さな不思議 1.11（p.18）について，ここで少し一般的に考えてみましょう．「小さな不思議」は本書のメインテーマではなくて，"寄り道"です．また，本節では，「小さな不思議」についてかなり一般的な議論をおこなっています．ですので，「寄り道しているよりは先を急ぎたい」という読者には，この節をスキップすることをお勧めします．（スキップしても，第4章以降を読むのに支障はありません．）

さて，性質 1.12（p.19）のことを「サンキュウの性質」と呼んでいたことを思い出しましょう．すると，本節の課題は，

問いかけ 3.49

「サンキュウの性質」をみたす数はどのようなものか？

に答えを与えること，となります．問いかけ 3.49 に答えを与えるための考察から，

性質 3.50 ある整数が「サンキュウの性質」をみたせば，その整数の倍数も「サンキュウの性質」をみたす

ことがわかります．（ただし，性質 3.50 の記述は"大ざっぱ"過ぎます．正確なことは定理 3.61 を参照してください．）

ここから先，この節の中では n は

6つの数字を使って（十進法で）表される負でない整数

とします[17]．この条件の意味は，a, b, c, d, e, f を 0 から 9 までの数字のどれかとして

82

表示 3.51　$n = abcdef$

と表される，ということです．

例 3.52　142857 は表示 3.51 のように表される数です．つまり，$a = 1, b = 4, c = 2, d = 8, e = 5, f = 7$ ということです．また，76923 も同じで，表示 3.51 のように表されます．このときは，$a = 0$ とするのが肝心で，$a = 0, b = 7, c = 6, d = 9, e = 2, f = 3$ となります．

表示 3.51 を見ると，「n は 6 桁の数か」と思ってしまいそうですが，それは正しくありません．例 3.52 からわかるように，$a = 0$ の場合は，桁数が小さくなっているのです．ですから，「表示 3.51 のように表される整数」は「桁数が 6 以下である整数[18]」と同じことになります．

表示 3.51 をもつ整数 n について「サンキュウの性質」を確認しておきましょう．まず，n を表す数字の並びを真ん中で二つに分けます．すると，abc と def という 2 つの「3 つの数字で表される整数」ができます．n が「サンキュウの性質」をもつ，というのは

条件 3.53　等式 $abc + def = 999$ が成り立つ

ということです．1.1 節と 1.4 節には「サンキュウの性質」をもつ数がたくさん登場しています．もちろん，$n = 123456$ のように

---

[17]　1.1 節では 142857 のことを n と書き表しましたが，この節ではその書き方は「リセット」する，ということです．

[18]　これと同じことを「桁数がたかだか 6 の整数」とか「たかだか 6 桁の整数」などと表現することもあります．ここでの「たかだか」の使い方は，"数学独特" かもしれません．

「サンキュウの性質」をみたさない整数は（とてもたくさん）存在します.

　実は，「サンキュウの性質」の秘密は，意外と簡単に "暴露" されてしまいます. 答えを「定理」の形で述べておきましょう.

定理 3.54

　整数 n は表示 3.51 のように表されているとする.

(1)　n が「サンキュウの性質」をみたすなら，n は 999 の倍数である.

(2)　n が 999 の倍数であり，かつ，n は 0 でも 999999 でもないとする. このとき，n は「サンキュウの性質」をみたす.

　これから，定理 3.54 を証明します. 議論が少し長いですが，必要なのは簡単な計算だけです.

　表示 3.51 のように表された整数 n を

$$n = abcdef = abc000 + def$$

と分解します. このとき，整数は十進法で表されているので，

$$abc000 = 1000 \times abc$$

が成り立ちます. 2 つの式をまとめると

$$n = 1000 \times abc + def$$

が得られて，さらにこれに $1000 = 999 + 1$ を代入すると，

等式 3.55　　$n = 999 \times abc + (abc + def)$

となります．等式 3.55 の確認のために，数値例を 1 つ挙げておきましょう．

例 3.56　　たとえば $n = 123456$ だと

$123456 = 123000 + 456 = 1000 \times 123 + 456 = 999 \times 123 + (123 + 456)$

と表していることになります．もちろん $123 + 456 = 579$ なので，$n = 123456$ は「サンキュウの性質」はみたしていません．

まず定理 3.54 (1) を証明しましょう．そのために，整数 n が「サンキュウの性質」をみたすと仮定します．つまり，$abc + def = 999$ だとします．すると，等式 3.55 から，

等式 3.57　　$n = 999 \times abc + 999 = 999(abc + 1)$

が得られます．ここで，$abc + 1$ は（もちろん）整数なので，等式 3.57 は n が 999 の倍数であることを示しています．これで，(1) が証明されました．

次は，定理 3.54 (2) の証明です．そのために，n が 999 の倍数であり，さらに，$n \neq 0$，$n \neq 999999$ だと仮定します．すると，n が 999 の倍数であることから，等式 3.55 によって，$abc + def$ は 999 の倍数でなくてはなりません（当然ですが，$999 \times abc$ は 999 の倍数です）．

一方，a, b, c, d, e, f はすべて 0 から 9 の数字のどれかに等しいので

不等式 3.58　　$0 \leq abc \leq 999$　　かつ　　$0 \leq def \leq 999$

が成り立っています．したがって，不等式 3.58 の 2 つの式を足すことで

不等式 3.59　　$0 \leqq abc + def \leqq 2 \times 999$

が導かれます．

結局，「$abc + def$ は 999 の倍数であり，同時に不等式 3.59 が成り立っている」ことがわかりました．したがって，

条件 3.60　　$abc + def$ は 0 か 999 か 2×999 のどれかに等しい

ことになります[19]．$abc + def = 0$ となるのは，$a = b = c = d = e = f = 0$ のときしかありませんが，そうだとすると $n = 0$ になってしまうので，$n \neq 0$ という仮定に反しています．よって，$abc + def$ は 0 ではありません．また，$abc + def = 2 \times 999$ となるのは $abc = def = 999$ の場合しかありません（不等式 3.58 参照）．そして，そうなるのは $a = b = c = d = e = f = 9$ のときだけで，この場合は，$n = 999999$ となります．しかし，仮定によって n は 999999 ではないので，$abc + def$ は 2×999 には等しくないことがわかります．

以上の議論で，条件 3.60 の中で 999 以外の可能性は排除されたので，$abc + def = 999$ でなくてはなりません．そして，$abc + def = 999$ が成り立つことは n が「サンキュウの性質」をみたすことに他なりません（性質 1.12（p.19）参照）．これで，(2) も証明されて，定理 3.54 の証明が完結します．　　**（証明終わり）**

前に「性質 3.50 には例外がある」と言いました．（「例外」と

---

[19]　0 以上で 2×999 以下の 999 の倍数，は条件 3.60 に登場した整数以外には存在しません．

いうのは，定理 3.61 の記号で $n'=999999$ となる場合のことです．）
ここで，その「例外」にも対処して，正確な主張を与えておきま
しょう．

定理 3.61

　2 つの自然数 [20] n, n' は，両方とも（表示 3.51 のように）「6
つの数字で表されている」とする．また，n' は n の倍数であっ
て，$n' \neq 999999$ だとする．このとき，n が「サンキュウの性
質」をみたせば，n' も「サンキュウの性質」をみたす．

　定理 3.54 を使えば，定理 3.61 の証明は簡単です．まず，n が「サ
ンキュウの性質」をみたすことと定理 3.54（1）から，n は 999
の倍数です．すると，n' は n の倍数なので，n' も 999 の倍数です．
さらに，n' は自然数なので $n \neq 0$ ですし，仮定によって，
$n' \neq 999999$ でもあります．よって，定理 3.54（2）から，n' が「サ
ンキュウの性質」をみたすことが導かれます．これで，定理 3.61
が証明できました． **（証明**終わり）

　注意 3.62　定理 3.54 と定理 3.61 で除外した数 999999 は，実
際に「例外」です．なぜなら，$n=000999$ とすると n は「サンキュ
ウの性質」をみたしますが，n の倍数である $n'=1001 \times n =$
999999 は「サンキュウの性質」をみたさないからです．

---

[20] 「正の整数」のことを自然数と呼びます．

さて，定理 3.61 があると，「サンキュウの性質」をみたす整数が「芋づる式」に作れることがわかります．

例 3.63 定理 3.61 を使って少し "遊んで" みましょう．まず $n = 999 = 000999$ は「サンキュウの性質」をみたしているので，この n の倍数を計算してみます．（ただし，倍数が大きすぎると「6つの数字で表せる」という範囲を超えてしまうことには注意してください．）倍数はいくらでもありますが，思いついたものを（適当に）計算すると

$$123 \times 999 = 122877, \ 177 \times 999 = 176823, \ 431 \times 999 = 430569$$

などとなります．出てきた整数がすべて「サンキュウの性質」をみたしていることがわかります．（もちろん，定理 3.54（2）で証明されていることなので，みたしているのは「当然」なのですが．）

1.1 節と 1.4 節では，「おおもと」の整数である $n = 142857$ と $m = 076923$ が「サンキュウの性質」をみたしていました．考察したのがおおもとの整数の倍数だったので，それらがみんな「サンキュウの性質」をみたしていたのも「もっとも」だったわけです．

しかし，じゃあなぜ「おおもと」の整数は「サンキュウの性質」をみたすのか？，という疑問は残るかもしれません．この点については，あとで理論的に考察します（6.4 節参照）．

この節の最後に，1 つ読者に「挑戦」をしておきましょう．いままで「サンキュウの性質」を扱ってきましたが，実は「三つ」ということに特別の意味があるわけではありません．「サンキュ

ウの性質」と同じように「ヨンキュウの性質」や「ゴキュウの性質」も考えられるし，さらにその先もあります．つまり，この話は，実は「三つに限らずいくつでもいい」のです．このように，「三つ」だったものを「いくつでもいい」に広げることを「一般化（generalization）」といいます．読者への挑戦は，この「一般化」を考えてもらうことです．ぜひ，次の問題に自分で答えを与えてください．

挑戦問題 3.64 「サンキュウの性質」を一般化し，さらに，定理 3.54 と定理 3.61 を一般化してください．

コラム3：二進数と完全数（後編）

コラム1で二進法について説明して，コラム2では完全数をご紹介しました．このコラムでは，両者を"結合"させて，「新しい景色」をお見せしましょう．コラム1で導入した二進法の記号を思い出しておいてください．

ギリシャ人が尊重していた「完全数」を二進法で表示すると，面白いことがおきます．やってみましょう．二進法の原理を思い出して，簡単な計算をすると

$$6 = [110]_2, \quad 28 = [11100]_2, \quad 496 = [111110000]_2$$

という表示が得られます．（注：各等式の右辺が二進法による表示で，記号はコラム1で説明した通りです．二進法になれていないと，左辺から右辺を導くのは難しいかもしれません．右辺から左辺を導くためのやり方は，コラム1を参照してください．）この等式の右辺を眺めれば，自然に「共通のパターン」が見えてくるでしょう．具体的には，「最初は1ばかり並んでいて，その後は0ばかりが並んでいる」ということが目に付きますね．さらによく見ると，「(1の個数)＝(0の個数)＋1」となっていることもわかります．このように，二進法を使うことで，十進法では見えなかった「景色」がはっきりと見えてくるわけです．何だか楽しくなりませんか？

ここで紹介した「完全数のパターン」は，既にギリシャ時代に注目されていて，「完全数の作り方」が探求されていました．ギリシャ時代に始まった「完全数をめぐる数学」は，後の時代にも受け継がれて，たくさんの研究成果があります．しかし，現代でも，完全数に関する「未解決問題」が残っているのは，数学の奥深さの一例なのかもしれません．

第4章

新たな問題：
循環小数の循環節

第3章で，不思議 1.3 (p.11) は一応の解決をみました．つまり，142857 という数の背後には 7 という整数が潜んでいて，「142857 は 1/7 の循環節だ」というのが不思議の理由でした．しかし，1 つ謎が解決されると，次は「このことは 7 に特有の性質なのか？」，「不思議な数の桁数が 6 なのはなぜなのか？」，など，新しい疑問が発生してきます．この章ではこの疑問に答えながら，新しい現象を観察しましょう．

4.1 1/p の小数表示

1.1 節と 1.3 節の「不思議」は，それぞれ 1/7 と 1/13 の小数展開から発生していました．そのことを理解すると，「一般の自然数 m について 1/m の小数展開を考えると，面白いことがあるかもしれない」という発想ができます．一方，「部分分数展開」（例 4.1 参照）により，どんな有理数も分母が素数のベキである分数の和として表せるので，「分母が素数のベキである分数」が重要そうであることがわかります．「素数のベキ」の中で一番簡単なのが「素数そのもの」です[1]．そこで，いろいろな素数 p をとって，1/p の小数展開を考察してみましょう．

例 4.1 本書では部分分数展開の一般論は扱いませんが，ここで 1 つだけ例を示しておきます．簡単な計算で

$$\text{等式 4.2} \quad \frac{1}{21} = \frac{1}{3} - \frac{2}{7}$$

---

[1] 素数 p と自然数 e に対して p^e が「素数のベキ」です．そして，「特別の場合」として，特に e = 1 のときが p で，これが「素数そのもの」です．

がわかります．等式 4.2 の左辺の分母は 21 で，21 を割り切る素数は 3 と 7 の 2 つです．これに対して，等式 4.2 の右辺の 2 つの分数の分母を割り切る素数は，それぞれ「3 だけ」と「7 だけ」です．2 つの素数が "混合していた" 左辺に対して，右辺では 2 つの素数が "分離" しているわけです．一般の有理数も，この例のように，分母が単純な有理数の和に分けることができて，これを部分分数展開と呼んでいます．

最初に断っておくと，2 と 5 は素数ですが，本書で扱う問題に関して，これは「例外」です．つまり，

$$\frac{1}{2} = 0.5, \quad \frac{1}{5} = 0.2$$

となり，登場するのが有限小数（2.4 節参照）です．「例外」となる理由は $10 = 2 \times 5$ と分解できることなので，「例外」は 2 と 5 だけで，その他の素数 p については $1/p$ は循環小数です（定理 3.44 参照：さらに，定理 6.3 によって，実際には $1/p$ は純循環小数になります）．このような理由で，これから先は p としては 2 と 5 は考えないことにします．

以上で準備は整ったので，「実験」を開始しましょう[2]．まず「2 と 5 以外の素数」を小さい順に並べると

$$p = 3, 7, 11, 13, 17, 19, 23, 29, 31, 37, 41, 43, 47, \cdots$$

---

[2] 「数学に実験なんてあるの？」と思いますか？ 多くの数学者はたくさんの実験をした結果として「発見」をしています．ただし，「理論」ができてしまうと実験結果はいらなくなるので，論文には実験のことは書かないのですが．

となります[3]. これらについて $1/p$ を小数で表してみた結果が,
計算 4.3 です.

計算 4.3

$$\frac{1}{3} = 0.33333\cdots$$

$$\frac{1}{7} = 0.142857142857\cdots$$

$$\frac{1}{11} = 0.0909090909\cdots$$

$$\frac{1}{13} = 0.076923076923\cdots$$

$$\frac{1}{17} = 0.05882352941176470588235294117647 0\cdots$$

$$\frac{1}{19} = 0.0526315789473684210526315789473684210\cdots$$

$$\frac{1}{23} = 0.0434782608695652173913043478260869565217391 30\cdots$$

$$\frac{1}{29} = 0.0344827586206896551724137931034482758620\cdots$$

$$\frac{1}{31} = 0.032258064516129032258064516129 0\cdots$$

$$\frac{1}{37} = 0.027027027027027\cdots$$

$$\frac{1}{41} = 0.02439024390243902439024390\cdots$$

$$\frac{1}{43} = 0.023255813953488372093023255813953488372 0\cdots$$

$$\frac{1}{47} = 0.021276595744680851063829787234042553191489361702127\cdots$$

何だか, 目がマワッて頭がクラクラする, 感じがしてしまいま

---

[3]　よく知られているように「素数は無限に存在する」(たとえば, [3] 定理 1.10, [4]
定理 1.41 を参照) ので, この列は無限に続きます.

すが，じっくり調べてください．計算 4.3 に関する筆者なりの観察結果を次節に書いてみます．

4.2　循環節の長さを考える

さて，計算 4.3 をじっくり眺めましょう．すると，計算 4.3 に登場している小数が，すべて純循環小数であることがわかります[4]．

計算 4.3 から，それぞれの循環節を取り出すと，表 4.4 ができます．

p	$1/p$ の循環節
3	3
7	142857
11	09
13	076923
17	0588235294117647
19	052631578947368421
23	0434782608695652173913
29	0344827586206896551724137931
31	032258064516129
37	027
41	02439
43	023255813953488372093
47	0212765957446808510638297872340425531914893617

表 4.4

---

[4]　1/47 については，このデータだけでは「循環している」という感じはしませんね．データが足りないのは，スペースの都合です．「怪しい」と思う方は，もっと先まで計算してみてください．

表 4.4 を見ても，循環節の数字の並びは"把握しきれない"です
よね．でも，「数字の個数（＝循環節の長さ）」は気になりません
か？ p が大きくても循環節が長いとは限らない，という事実にも
目が行きます．そこで，循環節そのものに法則を見いだすのは諦
めて，「循環節の長さ」に注目してみましょう．話をしやすくす
るために，ここで記号を導入しておきます．

定義 4.5

素数 p に対して，$1/p$ の小数展開の循環節の長さを $L(p)$
と表す．

表 4.4 の左の欄の p に対して，右の欄に現れている「数字の並び」
の長さが $L(p)$ です．このように定義すると，表 4.4 から表 4.6 が
できます．

表 4.6

p	$L(p)$
3	1
7	6
11	2
13	6
17	16
19	18
23	22
29	28
31	15
37	3
41	5
43	21
47	46

さあ，ここからが「腕の見せ所」です．あなたは，表4.6を見て，どんな「法則」が"推理"できますか？

筆者は答えを知ってしまっているのですが，初心に返って，"推理"のプロセスを考えてみます．まず，p が増えていくとき $L(p)$ は増えたり減ったりしています．そこで，「$L(p)$ はどのくらい大きくなれるか」に注目して，表4.6を眺めてみましょう．すると，表4.6のすべての場合について「$L(p)$ は p 以上にはならない」ということが見てとれます．つまり，$L(p) < p$ が成り立っている，ということです．ここで，$L(p)$ は整数なので，この不等式は

$$L(p) \leq p - 1$$

と同じです．

上の考察から，「$p-1$ が重要らしい」と感じるので，表4.6に $p-1$ の値を書き加えてみます．それが，表4.7です．

表4.7

p	$L(p)$	$p-1$
3	1	2
7	6	6
11	2	10
13	6	12
17	16	16
19	18	18
23	22	22
29	28	28
31	15	30
37	3	36
41	5	40
43	21	42
47	46	46

表 4.7 を見て,「すべての p について成り立っている法則」を探してください.

眺めてみると

観察 4.8　$L(p) = p - 1$ となる p がいくつもある

ことに気付く人は多いでしょう.　観察 4.8 の正否(せい ひ)は大切な論点なので,　次節で「推測」として取り上げたあと,　第 7 章で詳しく考察します.　でも,　観察 4.8 は「すべての p について成り立っている法則」ではありませんね.

さらに,　表 4.7 を見ながら,　あれこれ試行錯誤してみると,　次のことに気付くかと思います.

観察 4.9　$L(p)$ は,　いつも $p - 1$ を割り切っている.（言い換えれば,　$p - 1$ は,　いつも $L(p)$ の倍数である.）

観察 4.9 は,　表 4.7 にある 13 個の素数についてだけ確かめた事柄です.　でも,「計算した素数」すべてについて成り立っている,　というのも事実です.　そうすると,"大胆(だいたん)に"なって,　次のように考えてみたくなります.

推理 4.10　すべての p について,　$L(p)$ は $p - 1$ を割り切る.

推理 4.10 は「すべての p について成り立つ」という"ずうずうしい"主張です.　素数は無限にあるので,　いくらたくさんの計算をしてみても「すべての p について成り立つ」という結論は引き出せません.「すべての素数 p」を相手にしている推理 4.10 を

証明するためには，どうしても「数学的考察」が必要になってきます．

さて，筆者がこれだけ話を引っ張っているということは「推理 4.10 は正しい」ということを意味しています．実際，第 5 章で「整数の合同」について学んだあとに，第 6 章で推理 4.10 を証明することができます．素数 p は無限個あるのに，「すべての p について成り立つ」ような性質が示されてしまうのはすごいですね．整数の合同について既に知識のある読者は，推理 4.10 が正しいことの証明に自分でトライしてみるか，第 5 章を飛ばして第 6 章に進むことをお勧めします．

4.3 新たな問題

観察 4.8 は興味深いので，単なる「観察」ではなく，「推測」に"格上げ"したくなります．実際，表 4.7 の範囲だけでも等号 $L(p) = p - 1$ が成立しているケースはいくつもあるわけです（$p = 7$, 17, 19, 23, 29, 47）．こうなると，「そのような p はいくらでもあるのではないか」と思いたくなりますね．この"感覚"を

推測 4.11 等号 $L(p) = p - 1$ が成立するような素数 p は無限個存在するだろう

という形に明確化しておきましょう．

等号 $L(p) = p - 1$ をみたす素数 p について，「そのような p はどのくらいあるか？」と問うこともできます．しかし，「どのくら

いあるか」という問いは，実はなかなか「答え方」が難しいです．このような場合，数学では，まず「有限」と「無限」の間に大きなギャップがあると考えて，まず最初は「有限個か無限個か」を問うのがよくあるパターンです．本書でも，このパターンに従って，「有限か無限か」の問いかけをおこなってみました．でも，$L(p) = p - 1$ をみたす素数 p については，「どのくらいあるか」という問いにも（ある程度の）答えが与えられています．このあたりの「深い結果」は，第 7 章でご紹介することにします．

Memo

第 5 章
合同式の導入

これまで登場した不思議や疑問は，「整数の合同」という考え
を使うと非常に明確に捉えることができます．整数の合同は，フェ
ルマーやオイラーが多くの問題に活用し，ガウスによって理論体
系として確立されました．現代では，整数の合同は「初等整数論」
と呼ばれる基礎分野の中核をなしています．本章では，まず整数
について復習したあと，整数の合同について基本的なことを解説
します．

5.1　整数に関するまとめ

これまでも整数に関することはたくさん登場しました（整数が
なくては，本書は成立しません）．しかし，整数の合同をきちん
と説明するには正確な定義や記号を理解している必要がありま
す．ですので，この節で，整数に関する知識をまとめておきます．
とはいっても，「整数とは何か？」というような根本的な問題は，
本書には荷が重すぎますので，読者は整数の計算（足し算・引き
算・掛け算）に十分習熟しているとして解説を進めます．整数の
基本事項をすでに学んでいる読者は，この節を飛ばして先に進ん
でください．また，ここでは，本書を読むのに必要な最低限のこ
とだけを扱います．整数についてもう少し知識を深めたい読者は，
何らかの教科書（たとえば，［3］第 1 章，［4］第 1 章，など）を
読んでみてください．

整数には負の整数もありますし，もちろん 0 も整数です．しか
し，「正の整数」は重要で，自然数と呼ばれています．（もちろん，

歴史的には話が逆で，まず自然数があり，そのあとに0や負の整数が導入されました.）「自然数」と「正の整数」は全く同じ意味ですが，両方の言葉を使うので，注意してください.

整数どうしで割り算をして，商と余りを取ることができます.このとき，負の整数で割ることもできますが，通常は「割る側」の整数は正にとります（「割られる側」の整数は負のものも考えておいたほうが便利です）.記号で表すと，整数 n と自然数 m に対して

等式5.1 $n = qm + r$ （q と r は整数であり，$0 \leq r < m$）

をみたす q, r が存在します.この操作を「n を m で割る」といい，q を商，r を余り，と呼びます.等式5.1の状況で $r = 0$ であるとき，「m は n を割り切る」，「m は n の約数である」，「n は m の倍数である」，などと表現します.

例5.2 等式 $100 = 14 \times 7 + 2$ が成り立つので，100 を 7 で割ったときの商は 14 で余りは 2 です.余りが 0 でないので，100 は 7 の倍数ではなく，7 は 100 の約数ではありません.同様に，$-100 = (-13) \times 8 + 4$ なので，-100 を 8 で割ったときの商は -13 で余りは 4 で，8 は -100 を割り切りません.また，$108 = 18 \times 6$ なので，108 は 6 の倍数であり，（同じことですが）6 は 108 の約数です.さらに，$-66 = (-6) \times 11$ が成り立つので，-66 は 11 の倍数です.

0 でない整数 n に対して，単に「n の約数」という表現で「n の正の約数」を指すのが一般的です.たとえば，「10 の約数」と

第5章 合同式の導入

105

いえば，それは 1, 2, 5, 10 のどれかで，−1 や −2 などは「10 の約数」の中に入れません[1]．そうすると，$n \neq 0$ のとき，n の約数は $|n|$（$= n$ の絶対値）以下の自然数なので，「n の約数」の総数は有限です．

2 つの（0 でない）整数 n, n' があるとき，n の約数であり同時に n' の約数である，という自然数を「n と n' の公約数」と呼びます．当たり前ですが，意識しておくべきこととして，「どんな n, n' についても，1 は n と n' の公約数である」という事実があります．さて，n の約数が有限個しかないのですから，n と n' の公約数も有限個しか存在しません．したがって，公約数の中には（大きさが）最大のものがあることがわかり，それを「n と n' の最大公約数」と呼びます．理論的考察では「n と n' の最大公約数が 1 に等しい」という場合が大切で，このことを「n と n' は互いに素である」と表現します．2 つの整数の最大公約数を求める優れた方法として「ユークリッドの互除法」が知られていますが，説明は省略します．興味のある方は，何らかの教科書（たとえば，[3] §2，[4] 1.2.2 項）を参照してください．

一般的に

性質 5.3 n と n' の最大公約数が g なら，$\dfrac{n}{g}$ と $\dfrac{n'}{g}$ は互いに素であるということが成り立ちます[2]．「分数を約分して既約分数にする」

---

[1] たとえば，「2 が 10 を割り切る」ときは当然「−2 も 10 を割り切る」ので，いちいち負の数も入れるのは面倒だ，という理由で「正の約数」に制限することになっています．

[2] 証明は簡単です．たとえば [4] 命題 1.5（3）に，少し一般化した主張が証明されています．

106

という操作は，性質5.3に基づいています．つまり，$\frac{n}{m}$という分数があったとして，nとmの最大公約数をgとします．このとき，分母と分子の両方をgで割って$\frac{n/g}{m/g}$という分数を作れば，それが既約分数だ，というわけです．

整数をすべて十進法で表しているので，「10と互いに素」という条件は，本書で重要になってきます．

例5.4 nを整数とします．整数の約数は1, 2, 5, 10であったことに伴って，「nが10と互いに素」という条件は，

条件5.5 nは2でも割り切れないし，5でも割り切れない

と同値です．なぜなら，nが2で割り切れたら（nと10の）最大公約数は2または10で，nが5で割り切れたら（nと10の）最大公約数は5または10であり，nが2でも5でも割り切れなければ，公約数は1しかないので，最大公約数は1ということになるからです．

20以下の自然数で10と互いに素なものを全部挙げると，

$$1, 3, 7, 9, 11, 13, 17, 19$$

となります．それ以外の数nについて，nと10との最大公約数をまとめると，表5.6のようになります．

表5.6

n	2	4	5	6	8	10	12	14	15	16	18	20
nと10の最大公約数	2	2	5	2	2	10	2	2	5	2	2	10

自然数 n があるとき，1 と n はかならず n を割り切ります（言い換えれば，1 と n は n の約数です）．これは「当たり前」のことなので，1 と n のことを「n の自明な約数」と呼びます[3]．「自明な約数」に気付くと，

問題 5.7 では，自明でない約数はあるのか？

ということが気になります．問題 5.7 に対して，答えが YES の n と NO の n があって，おのおの名前がついています．

定義 5.8

自然数 n の約数が 1 と n の 2 つだけであるとき n を素数と呼び，n の約数が 3 つ以上あるとき n を合成数と呼ぶ.

素数は英語で prime number または単に prime と呼ばれるので，素数を p という記号で表すことが多いです．本書でもその流儀にしたがっています．

さて，ちょっと "寄り道" かもしれませんが，1 つクイズを出してみます．

クイズ 5.9 定義 5.8 の範囲から抜け落ちている（したがって，定義 5.8 だけでは "名無し" になってしまう）自然数があります．それは何でしょうか？

---

[3] 「自明」は「自ずから明らか」ということで，まあ，「わざわざ言わなくてもわかっているよね」というような意味合いです．でも，「何が自明か」という感覚は人によってかなり違うことも多いので，注意が必要です．

クイズ 5.9 の答えは,「1」です.え?, $n=1$ なら約数は 1 と n だけでは?,と思いましたか?ポイントは「1 と n の 2 つ」という文の「2 つ」というところにあります.$n=1$ のときは,「1 と n」は「2 つ」ではなく,「1 つだけ」ですね.もちろん,「1 つだけ」ですから「3 つ以上」でもありえません.したがって,$n=1$ は定義 5.8 から抜け落ちているのです.これは本書の "不備" ではなくて,一般的な事柄です.結局,自然数全体は「1 か,素数か,合成数か」に 3 分割されることになります.素数も合成数もどちらも無限個存在することと較べると,1 は "孤高の人" のようですね.

自然数 1 を素数の仲間に入れない理由は「素因数分解の一意性」にあります.本書でも(暗黙のうちに)素因数分解を利用する機会はあるのですが,それは誰でも "感覚的に" わかっている範囲です.ですから,本書で素因数分解の一般論を詳しく説明するのは避けておきますが,素因数分解は整数を考えるときに重要です.機会があれば,ぜひ勉強してみてください(たとえば,[3] 定理 1.9 や [4] 1.2.4 節,などに説明があります).

5.2 「曜日」と合同式

循環小数について考察するには,整数の合同の概念が重要です.しかし,合同について学び始めるには,「なぜ合同式を考えるのか?」という疑問が気になるでしょう.整数の合同については次節で正確に述べることにして,この節では「日常生活でも合同に

出会っている」ということを説明しましょう.「合同」を理解するためのポイントは

アイディア 5.10　割り算をしたときの（商のことは考えずに）
「余り」に注目する

という視点です. そして, アイディア 5.10 が生かされている場面の"代表"が「曜日」という考え方です.

「2016 年 5 月 1 日は, 2016 年の s 日目で, それは 2016 年の t 回目の？曜日です」という主張を考えてみます. ここで, s や t の値はその気になれば計算できますが, 余り必要性が感じられなくて, やる気がおきません. しかし, ？は答えられる人も多いかもしれません. そう, 答えは「日曜日」です.

当然ですが, 上の s, t の値と「曜日」の間には

s を 7 で割ったときの商から t が定まり, 余りから曜日が定まる

という関係があります[4].

そして,「s, t はどうでもよくて, 曜日が大事」という状況は,「割り算をしたときの商には関心がなくて, 余りだけが大事」ということです. この例からわかるように,「余りだけが知りたい」という状況は, 日常的にも数学的にも, よくおこることなのです.

---

[4]　本書を書くに当たって「その気」をおこして計算してみました. まず, $s = 31 + 29 + 31 + 30 + 1 = 122$ で, これを 7 で割ると, $122 = 17 \times 7 + 3$ です. 2016 年元旦は金曜日だったので, 金・土・日と 3 つ進んで, 5 月 1 日は日曜日です. また, 商が 17 であることから, 5 月 1 日以前に日曜日が 17 回あることになるので, $t = 17 + 1$ となります. つまり, 5 月 1 日は 2016 年の 18 回目の日曜日です.

ちょっと「脱線」ですが，グレゴリオ暦のルールを知っている
といいことがあるかもしれません．問題として，出しておきます．

練習問題 5.11　2016 年 5 月 1 日が日曜日であることは知ってい
るとして，自分が生まれた日の曜日を答えてください．ただし，
西暦 n 年が「うるう年」であるかどうかは，次のルールで決まっ
ています．

ルール 5.12

(i) n が 4 で割り切れる年はうるう年である．

(ii) ただし，n が 100 で割り切れる年はうるう年でない．

(iii) ただしただし，n が 400 で割り切れる年はうるう年である．

練習問題 5.11 を解くときの参考のために，名著の誉れ高い [3]
の著者である高木貞治先生の誕生日が何曜日であったかを考察し
てみましょう．調べてみると，高木先生の誕生日は 1875（明治 8）
年 4 月 21 日だそうです．ということで，まず高木先生の誕生日
から 2016 年 5 月 1 日までの日数（これを N とおきましょう）を
調べます．1875 年から 2016 年までは 2016 − 1875 = 141 年経って
います．また，4 月 21 日から 5 月 1 日までは 10 日間あるので，「う
るう年はない（つまり，2 月 29 日を数えない）」としたときの日
数は $(141 \times 365 + 10)$ 日です．あとはこれに「2 月 29 日の回数」
を足せば，実際の日数が求まります．

さて，ルール 5.12 によって，うるう年については「4 の倍数か
どうか」が問題なので，141 を 4 で割ると，$141 = 35 \times 4 + 1$ とな
ります．つまり，問題の期間に，「4 で割り切れる年」は 35 + 1 =

111

36回あります（注：4月21日は2月29日より後なので，2016年2月29日も数える必要があります）．その36回の中に，ルール5.12の（iii）に当てはまる年が1回あって（2000年，ですね），「（ii）に当てはまって（iii）に当てはまらない年」が1回あります（1900年です）．結局，問題の期間内にうるう年は $36-1=35$ 回あることがわかりました．総合すると，

$$N = 141 \times 365 + 10 + 35$$

となります．さて，あとは「N を7で割った余り」を求めればいいです．ここで，141×365 は…，と，いきなり掛け算を始めるのは「ソン」ですので，気をつけてください[5]．最終的に必要なのは「7で割った余り」だけなので，初めから「7の倍数は無視」と考えたほうが効率的です．そうすると，141を7で割った余りは1，365を7で割った余りは1，10を7で割った余りは3，35を7で割った余りは0，なので，「N を7で割った余り」は $1 \times 1 + 3 + 0 = 4$ となります．これは，高木先生の誕生日の曜日から4つ先に進んだのが日曜日だ，ということなので，「高木先生の誕生日は水曜日だった」ということがわかります（水曜日から，木・金・土・日，と4つ進む）．

次節で合同式を学ぶと，上の計算が定理5.18を活用したものであることがわかります．

練習問題5.11に答えるのは恥ずかしい，という方は，高木先

---

[5] 既に計算してしまった人は，思いっきり後悔してしまってください．数学の学習の上で，良い「教訓」になります．とはいえ，N を求めてから割り算すれば「商」も求まるので，「高木先生が生まれてから2016年5月1日までに何週間経過したか」という問いに答えることができます（答えを知りたいかどうかは，ともかく）．

生の亡くなった日の曜日を答えてください.

練習問題 5.13　高木先生の没年月日は 1960 年 2 月 28 日だそうです. この日は何曜日だったでしょうか.

1960 年はうるう年なので[6], 2 月 29 日があったはずです. 高木先生はその前日に亡くなったのですね.

5.3　整数の合同の基本事項

この節では, 整数の合同について本書で必要な項目をまとめてみます.

定義 5.14

m を自然数とし, a, b は整数とする.

(1)　a と b が m を法として合同であるとは, $a - b$ が m の倍数であることをいう.

(2)　a と b が m を法として合同であることを, 記号で

$$\text{記号 5.15}\quad a \equiv b \pmod{m}$$

と書き表す.

(3)　a と b が m を法として合同でないことを, 記号で

$$a \not\equiv b \pmod{m}$$

と書き表す.

---

[6]　この年には東京でオリンピックを開催する計画もあったそうですが, それはうまくいかず, 結局ローマでオリンピックが開催されました.

例 5.16 合同式

$37 \equiv 4 \ (\text{mod} \ 11), \ 5 \equiv -2 \ (\text{mod} \ 7), \ 9 \equiv 24 \ (\text{mod} \ 5), \ 8 \not\equiv 2 \ (\text{mod} \ 12)$

が成立します．（注：これらの数値には，特別な意味はありません．）
合同式は負の整数も扱えることに注意してください．

　記号 5.15 を「（整数に関する）合同式」と呼ぶことが多いです．
合同式の記号は「3 角形の合同」と同じ記号です．2 つの 3 角形
について「等しくはないけれど，合同である」という状況がおき
ますね．同じことが，2 つの整数についてもおきるわけです．た
だし，整数の合同の場合には，法（定義 5.14 の記号では，m の
こと）が決まっていなければいけません．つまり，2 つの整数は，
単に「合同」が定義されているのではなくて，「法 m について合
同」が定義されているわけです[7]．3 角形と整数の両方で「合同」
という同じ用語が使われる理由としては，両方とも同値関係であ
る，という事情があります．しかし，同値関係についての一般論
は本書では必要ないので，解説は省きます．興味のある読者は，
何らかの参考書（たとえば，[4] 付録 A.3）を参照してください．
　定義 5.14 に登場した「法」という用語は，かなり違和感をも
たれてしまうかもしれません．ですので，この言葉の由来を説明
しておきましょう．「法」と言われて，ダイレクトに「法律」を
連想してしまうと，意味がわかりにくいです．定義 5.14 の「法」

---

[7]　ただし，「法として m をとっている」ということが明白な状況では，「法 m に
ついて」を省いて，単に「合同」ということもあります．「省いている」というのと
「はじめから，ない」というのは，「書いてない」という見かけは同じでも，内容が
違います．この点，十分注意してください．

は，英語では modulus といいます（記号 5.15 に現れる mod は，modulus の mod です）．そして，modulus はラテン語から英語に取り入れられた言葉で，「基準」という意味です．定義 5.14 を読めば，それが「m の倍数であるかどうか」を判断の基準にしていることがわかるでしょう．これが，法（= modulus）という用語の"語源"です．ついでながら，「法律」というのも，社会生活の「基準」といえるでしょう．数学に登場する「法」と「法律」の「法」はずいぶんかけ離れたもののように見えますが，こういう「つながり」があるのでした．

定義 5.14 の内容の確認も兼ねて，簡単にわかる注意点をまとめておきましょう．

注意 5.17

(1) $a \equiv b \pmod{m}$ が成り立つことは

$$(a \text{ を } m \text{ で割った余り}) = (b \text{ を } m \text{ で割った余り})$$

が成り立つことと同じです．ただし，ここで「余り」は $0, 1, \cdots,$ $m-1$ の範囲にとっています．

(2) $a \equiv 0 \pmod{m}$ は「a は m の倍数である」という主張と同じことです．

(3) $a = b$ ならば $a \equiv b \pmod{m}$ が成り立ちます．しかし，当然ながら，このことの逆は成立しません．つまり，$a \equiv b \pmod{m}$ であっても $a = b$ とは限りません（例 5.16 参照）．

整数の演算（和，差，積）に関して，合同式は次の重要な性質をもっています．次の例題 5.20 と例題 5.21 からわかるように，

この命題はなかなか有益なのです.

定理 5.18

自然数 m と整数 a, a', b, b' について,

$$a \equiv a' \pmod{m}, \, b \equiv b' \pmod{m}$$

が成り立っているとする. このとき, a, b と a', b' の和, 差, 積, ベキ乗, について, 次のことが成り立つ.

(1) $a + b \equiv a' + b' \pmod{m}$

(2) $a - b \equiv a' - b' \pmod{m}$

(3) $ab \equiv a'b' \pmod{m}$

(4) $a^k \equiv a'^k \pmod{m}$ (k は自然数)

証明 定理の仮定 (と, 定義 5.14) から, $a - a', b - b'$ は m の倍数である. つまり,

等式 5.19 $a - a' = jm, \, b - b' = km$

をみたす整数 j, k が存在する. よって,

$$(a + b) - (a' + b') = (a - a') + (b - b') = jm + km = (j + k)m$$

となるので, $(a + b) - (a' + b')$ は m の倍数である. したがって, (1) が成り立つ (定義 5.14 参照). 同様に, 等式 $(a - b) - (a' - b') = (j - k)m$ が導かれるので, (2) が成り立つ.

等式 5.19 から $a = a' + jm, \, b = b' + km$ が得られるので, これを代入して計算すると

$$ab - a'b' = (a' + jm)(b' + km) - a'b'$$

$$= a'km + b'jm + jkm^2$$

$$= (a'k + b'j + jkm)m$$

が導かれて，$ab - a'b'$ が m の倍数であることがわかる．これで(3)が示された．

今証明した (3) の等式で $b = a$，$b' = a'$ とすれば，$a^2 \equiv a'^2 (\mathrm{mod}\ m)$ が得られる．これで，(4) の $k = 2$ の場合が示された．ここで，合同式 $a^2 \equiv a'^2 (\mathrm{mod}\ m)$ が成り立っているので，(3) において $b = a^2$，$b' = a'^2$ とすることができる（a, a' はそのまま）．すると，$a^3 \equiv a'^3 (\mathrm{mod}\ m)$ が得られる．これは (4) の $k = 3$ の場合である．この操作を繰り返せば，どんな自然数 k についても (4) が成り立つことがわかる[8]． （証明終わり）

例題 5.20 43×64 を 13 で割った余りを求めよ．

解答と解説 もちろん，積 43×64 を計算してから，それを 13 で割って余りを求めれば答えが得られます．しかし，その方法は効率が悪いです[9]．ここは，定理 5.18 (3) を利用するのが便利です．まず，

$$43 \equiv 4 (\mathrm{mod}\ 13), \quad 64 \equiv -1 (\mathrm{mod}\ 13)$$

なので，定理 5.18 (3) を $a = 43$, $a' = 4$, $b = 64$, $b' = -1$ に適用し

---

[8] この証明では，厳密にいえば，数学的帰納法を利用することになりますが，数学的帰納法の "作法に則った" 証明を書くのは省略させていただきます．数学的帰納法については，何らかの教科書を参照してください（たとえば，[4]1.1.1 項）.

[9] この方法がベストだ，というなら，わざわざ「例題」にはしませんよ．

ます．すると，

$$43 \times 64 \equiv 4 \times (-1) \equiv -4 (\text{mod } 13)$$

が得られます．そして，$-4 \equiv 9 (\text{mod } 13)$ であることから，例題の答えは「余りは 9」です．

この例題には「教訓」が 2 つあります．1 つは，「計算に当たっては，定理 5.18 を活用したほうがよい」ということで，これは 5.2 節の最後で説明したことと同じです．もう 1 つの教訓は「負の整数をうまく利用すること」です．上の例では，「64 を 13 で割った余り」は 12 ですが，$12 - (-1) = 13$ は 13 の倍数です．したがって，合同式 $64 \equiv -1 (\text{mod } 13)$ は "立派に" 成立していて，こちらを利用したほうが計算が簡単です．

例題 5.21 2^{100} を 9 で割った余りを求めよ．

解答（説明） 2^{100} を計算してから，それに九去法（説明 5.22 参照）を使いますか？ 九去法の計算は簡単でしょうが，その前に 2^{100} を計算する気力がでませんね．合同式を使えば，答えは簡単です．

$2^3 = 8$ なので，$2^3 \equiv -1 (\text{mod } 9)$ です．また，$100 = 3 \times 33 + 1$ から，

$$2^{100} = 2^{3 \times 33} \times 2 = (2^3)^{33} \times 2$$

が導かれます．このことから，

$$2^{100} \equiv (2^3)^{33} \times 2 \equiv (-1)^{33} \times 2 \equiv -2 \equiv 7 \ (\text{mod } 9)$$

と計算できるので，2^{100} を 9 で割った余りが 7 であることがわかります．

（**解答**終わり）

説明 5.22 十進法で表された整数を 9 で割った余りを求める簡単な方法が知られています．たとえば，整数 12345 なら，

$(12345$ を 9 で割った余り $)=(1+2+3+4+5$ を 9 で割った余り $)$

となるわけです．この場合，$1+2+3+4+5=15$ で 15 を 9 で割った余りは 6 なので，12345 を 9 で割った余りも 6 だ，ということです．「九で割る」ということから，この方法は九去法と呼ばれています．

「九去法が正しい」ということも，合同式を使えば簡単に示せます．つまり，九去法の「根拠」は合同式で

合同式 5.23　$10 \equiv 1 \pmod 9$

と表されます．定理 5.18（4）を使えば，合同式 5.23 から

合同式 5.24　$10^k \equiv 1 \pmod 9$（k は自然数）

が得られます．そして，合同式 5.24 から，ただちに九去法が導かれます．（この議論は，[4] 例題 1.7 で解説されています．）

　実は，3.6 節で解説した「サンキュウの性質」（＝性質 1.12）も，九去法の"ヴァリエーション"と見なせます．「サンキュウの性質」の「根拠」は $1000 = 999 + 1$ という等式でした．この等式から導かれる合同式

$$1000 \equiv 1 \pmod{999}$$

を使うと，「サンキュウの性質」が理解しやすいと思います．

コラム４：「同じ」とは，何か？（前編）

　日常生活で「同じ」という言葉を使う機会は多いでしょうし，数学でも，「同じ」は頻繁に登場します．しかし，「同じ」というのはどういう意味か？，と改まって聞かれると，答えに窮してしまうのではないでしょうか．でも，「理屈っぽい」といって嫌われるかもしれませんが，言葉の「意味」を追求しておくことは，とても大事なことです．その「大事さ」をわかってもらうために，筆者がよく学生に問いかけることをご紹介しましょう．

　自分の講義の最初に，有理数・無理数の話をして

$$\sqrt{2} \text{ は無理数である}$$

と黒板に書くことがあります．そして，その板書を学生がノートに写すことになるわけです．学生の作業が終わったときを見計らって，筆者は学生に，『私が黒板に書いた $\sqrt{2}$ と，あなたがノートに書いた $\sqrt{2}$ は，「同じ」ですか？』と問いかけます．さあ，読者がその場面に遭遇したとしたら，どう答えますか？「同じ」と答えた学生は，筆者から，『え？黒板にはチョークで書いてあって，ノートには鉛筆（か，ボールペン）で書いていますよね．それに，字の大きさも大分違いますね．それでも「同じ」なのですか？』，と搦まれてしまいます．また，「同じではない」と答えた学生は，『それじゃあ，私が講義した内容はあなたに伝わらない，ということですか？ノートを取るなら，ちゃんと板書と「同じ」内容を写すべきではないですか？』などと因縁をつけられることになります．ああ，かわいそうな学生達…．

（後編（160ページ）に続く）

第6章

循環小数と合同式

第1章で登場した「不思議」は，第4章でさらに大きな問題を提起しました．第5章で学んだ「整数の合同」を利用すれば，その問題を解決することができます．これこそが本書の目標とするところなのです．

まず6.1節で，本書のメインイベントとして，どのように問題が解決されるかの流れを説明します．その後に，問題の解決のために利用した定理を，6.2節と6.3節でじっくり証明していきます．

6.1　結果のまとめ

第4章で提起された問題を思い出しておきましょう．問題は2つあって，

問題 6.1　$\dfrac{1}{p}$ は純循環小数で表されるか？

と

問題 6.2　$\dfrac{1}{p}$ の循環節の長さは $p-1$ の約数か？

というものでした．（ここで，p は2と5以外の素数を表しています．）これらの問題の解決の流れを説明します（証明は，次節以降でおこないます）．

問題6.1の答えは，「その通りです」となりますが，解答は，少し一般化した形で与えましょう．つまり，分数の分母は p のままですが，分子として1以外のものも考えます．すると，次の定理6.3が証明できます．

定理 6.3

p は 2 と 5 以外の素数で，h は $1 \leq h \leq p-1$ をみたす整数だとする．このとき，有理数 h/p の小数展開は純循環小数である．

次は，循環節の長さがどのようにして定まるかを追求して，問題 6.2 に答えましょう（問題 6.2 の答えも YES です）．問題 6.2 の解決には合同式が活躍しますので，「整数の合同」をまだ学習していない読者は，第 5 章を眺めておいてください．

出発点として，次の性質 6.4 を認めてください．「認める」ためには証明が必要ですが，証明にはちょっと手間がかかります．ということで，性質 6.4 の証明は次節に回します．

性質 6.4 p が 2 と 5 以外の素数であるとき，

合同式 6.5 $\quad 10^d \equiv 1 \pmod{p}$

をみたす自然数 d が（少なくとも 1 つ）存在する[1]．

注意 6.6 性質 6.4 に関する注意点をまとめておきます．

(1) 合同式 6.5 を見て，「$d = 0$ とすれば成り立っているではないか」と気付いた[2]人は，性質 6.4 の文章を注意深く読んで

---

[1] 数学で頻繁に登場する言葉使いについてコメントしておきます．数学で，「ただ 1 つ」などの修飾語を付けずに，単に「存在する」といった場合は，つねに「少なくとも 1 つ存在する」という意味です．これは，いつもいつも「少なくとも 1 つ存在する」と書くのは長くて読みにくいから，簡単にして，単に「存在する」と書くことにしよう，という「慣用」があるからです．しかし，性質 6.4 では「少なくとも 1 つ」を強調したかった（注意 6.6 参照）ので，カッコ付きで書き加えておきました．

[2] こういう点に注意が向くのは，とてもよいことです．

ださい．すると，「d は自然数」となっていることがわかります．
自然数は「正の整数」のことなので，0 は自然数ではないのです．

(2) 性質 6.4 は「当たり前」ではありません．たとえば，$p=5$
とすると，10^d は 5 で割り切れます（$d \geqq 1$ に注意）が 1 は 5 で
割り切れないので，つねに $10^d \not\equiv 1 \pmod 5$ なわけです．となると，

疑問 6.7　では，なぜ $p \neq 2$, 5 なら合同式 6.5 をみたす自
然数 d があるのか？

という疑問が浮かぶことになります．実は，疑問 6.7 に答える
のは易しくはありません．疑問 6.7 の解決は次節までお待ちく
ださい．

(3) 合同式 6.5 をみたす自然数 d は，1 つ存在すれば無限個存
在することがわかります．なぜなら，

性質 6.8　$d = d_0$ が合同式 6.5 をみたすなら，d_0 の倍数 d
も合同式 6.5 をみたす

が成り立ち，「d_0 の倍数」は無限個あるからです．たとえば，
$10^2 \equiv 1 \pmod{11}$ なので，$10^4 \equiv (10^2)^2 \equiv 1^2 \equiv 1 \pmod{11}$ となり
ます．同じようにして，自然数 k が何であっても $10^{2k} \equiv 1 \pmod{11}$
が成り立つことになるわけです．

定理 5.18 (4) を使えば，性質 6.8 の証明は簡単ですが，念
のために，証明を書いておきます．まず，$d = d_0$ が合同式 6.5
をみたすので $10^{d_0} \equiv 1 \pmod p$ が成り立っています．また，自
然数 d が d_0 の倍数だとすると，ある自然数 k によって $d = kd_0$

と表せます．ここで定理 5.18（4）を適用すれば，

$$10^d \equiv (10^{d_0})^k \equiv 1^k \equiv 1 \pmod{p}$$

が得られます．

性質 6.4 を認めて，注意 6.6（3）の論点に注意すると，次の定義 6.9 に導かれることになります．

定義 6.9

合同式 6.5 をみたす自然数 d で最小のものを，「p を法とする 10 の位数」と呼び，$d(p)$ と書き表す．ここで，p は 2 と 5 以外の素数である．

定義 6.9 に登場する「位数」という言葉は，英語の order に対応しています．そして，たくさんの数学の分野で order という用語が現れてきますが，それらは「位数」と訳されることが多いです．その結果，「位数」はいろいろと違った意味で使われることになっているので，注意してください．ただし，本書での「位数」は定義 6.9 の意味にしか使われていません（安心ですね）．

定義 6.9 で「位数」を導入した意義は，定理 6.10 が成り立つことにあります．注意 6.6（3）を意識すると，定理 6.10 の主張していることが理解しやすいと思います．また，定理 6.10 の証明を吟味して，定義 6.9 の「最小」という条件がどこで使われているかをチェックすることも，お勧めしておきます．

定理 6.10

p が 2 と 5 以外の素数であるとき，合同式 6.5 が成り立つ
ための必要十分条件は，d が $d(p)$ の倍数であることである．

証明 最初に，位数の定義により

合同式 6.11 $\quad 10^{d(p)} \equiv 1 \pmod{p}$

が成り立っていることを確認しておく．

まず，d が $d(p)$ の倍数であるとする．このとき，合同式 6.11
があるので，$d_0 = d(p)$ に対して性質 6.8 を適用することができる．
これで，合同式 6.5 が示された．

逆に，合同式 6.5 が成立していると仮定する．このとき，d を
$d(p)$ で割り算して

等式 6.12 $\quad d = qd(p) + r \quad (q, r \text{ は整数}：0 \leq r < d(p))$

と表す．すると，等式 6.12 と合同式 6.11 から

$$10^d = 10^{qd(p)+r} = (10^{d(p)})^q \times 10^r \equiv 10^r \pmod{p}$$

が導かれ，このことと合同式 6.5 から

合同式 6.13 $\quad 10^r \equiv 1 \pmod{p}$

が得られる．ここで，もし $r \geq 1$ だとすると，r は自然数という
ことになる．しかし，r の定め方から $r < d(p)$ が成り立っている
から，合同式 6.13 が成り立つことは $d(p)$ の定義に反してしまう[3]．
したがって，r は 0 でなくてはならない．このことは d が $d(p)$

126

の倍数であることを示している（等式 6.12 参照）．（**証明終わり**）

さらに，$d(p)$ について，次の定理 6.14 が成り立つことがわかっています．定理 6.14 の証明は，次節でおこないますが，初等整数論の知識がある方は，どんなふうに証明されるか，を考えてみてください．

定理 6.14

> p が 2 と 5 以外の素数とする．このとき，$d(p)$ は $p-1$ の約数である．

さて，いよいよ問題 6.2 に決着をつけるときがきました．次の定理 6.15 を見てください．

定理 6.15

> p は 2 と 5 以外の素数で，h は $1 \leqq h \leqq p-1$ をみたす整数だとする．このとき，有理数 h/p の小数展開の循環節の長さは $d(p)$ に等しい．

定義 4.5（p.96）の記号を使えば，定理 6.15 は「$L(p) = d(p)$ である」という主張と同じです（ただし，定義 4.5 で扱っているのは，

---

[3] 定義 6.9 により，$d(p)$ は合同式 6.5 をみたす「最小の自然数」のはずである．しかし，合同式 6.13 は，「$d = r$ に対する合同式 6.5」に他ならない．したがって，$r < d(p)$ をみたす自然数 r が合同式 6.13 をみたしていると，$d(p)$ より小さい自然数が合同式 6.5 をみたしてしまうことになり，「$d(p)$ が最小である」ことに矛盾する．

$h = 1$ の場合です).したがって,定理 6.14 と定理 6.15 を合体さ
せれば,問題 6.2 の答えが YES であることが確認できます.位
数 $d(p)$ は合同式だけで理解できるものでした.その $d(p)$ が定理
6.15 によって,循環小数と深くつながっていたのだ,というわけ
です.

定理 6.15 の証明は,6.3 節でおこないます.

実は,循環節の長さについては,もう 1 つ気になる問題があり
ます[4].それは,「循環節の長さ」として登場する自然数はどん
なものか?,という問題です.これをもっと具体的にすると,

問題 6.16 自然数 L が与えられているとする.このとき,
$d(p) = L$ となる素数 p は存在するか?

となります.問題 6.16 もなかなか "筋の良い" 問題で,整数論
の別の分野につながっていきます.本書では問題 6.16 を扱って
いる余裕がないので,読者の皆さんの自習に期待しておきます.

6.2 フェルマーの小定理

この節では,前節で述べたいくつかの定理を証明していきます.
証明の一番のポイントは,初等整数論の中で "有名" な「フェル
マーの小定理」なので,それを最初に扱いましょう.それが,定

---

[4] もちろん,残された問題は 1 つだけではありません.「やる気」のある読者は,
自分で問題をたくさん探してみてください.

理 6.17 です．ただし，定理 6.17 は，本書で活躍している数である 10 に"特化"したバージョンです．とはいえ，定理 6.17 とその証明にはフェルマーの小定理のエッセンスがすべて現れていますので，定理 6.17 が理解できれば，「フェルマーの小定理をマスターした」と言ってもいいと思います．

定理 6.17

> p が 2 と 5 以外の素数とする．このとき，
>
> **合同式 6.18** $\quad 10^{p-1} \equiv 1 \pmod{p}$
>
> が成り立つ．

ここで，「定理 6.17 があれば，性質 6.4 が直ちに導かれる」ということを確認してください．理由は，合同式 6.18 は「$d = p-1$ に関して合同式 6.5 が成り立つ」ことを示しているからです（注：p が素数なので，$p \geqq 2$ であり，したがって $p-1$ は自然数です）．

これからの説明で明らかになってきますが，合同式 6.18 に $p-1$ が登場していることが，問題 6.2（もともとは，推理 4.10）で $p-1$ が現れてきた理由です．そうなると，次は，「合同式 6.18 に現れるベキ指数 [5] は，なぜ $p-1$ なのか？」という点が気になりますね．もちろん，「$p-1$ が登場する理由」こそが定理 6.17（の証明）の肝です．これから定理 6.17 を証明していきますので，

---

[5] 一般的に，a^k という数式を「a の k 乗」と読みますが，この k をベキ指数と呼びます．この用語は，「a^k は a のベキであり，そのベキ指数は k である」などと使われます．

129

証明の流れをじっくりチェックして,「$p-1$ が登場する理由」を探ってください.

まず,次のことを示しておきます.

補題 6.19 2 と 5 以外の素数 p に対して,次のことが成り立つ.

(1) 整数 x, y であって,

$$\textbf{等式 6.20} \quad 10x + py = 1$$

をみたすものが存在する.

(2) 整数 a が合同式 $10a \equiv 0 \pmod{p}$ をみたすなら,$a \equiv 0 \pmod{p}$ が成り立つ.言い換えれば,$10a$ が p の倍数なら,a 自身が p の倍数でなくてはならない.

注意 6.21 補題 6.19 に関する注意点をまとめておきます.

(1)「素因数分解の一意性」を知っていれば,補題 6.19（2）は「当たり前」です（$p \neq 2, 5$ であることに注意）.とはいえ,これを「当たり前」と感じる背景には,「素因数分解の一意性」という重要な定理があることは意識しておいてほしいと思います.それが,この主張を"大袈裟に"取り上げた理由です.本書では「素因数分解の一意性」の一般論の知識を前提とはしていないので,まず補題 6.19（1）を示してから,それを利用して補題 6.19（2）を示します.「素因数分解の一意性」は「数論の基本定理」と言われるほど重要な結果です.その理論体系をマスターしたい方は,[3],[4] などの教科書を参照することをお勧めします.

(2)「補題」という言葉は,「補助的な命題」を意味しています.

130

定理 6.17 を証明するために補助的に利用する結果なので「補題」としましたが，これを「定理」と呼ぶことも可能です．定理，命題，補題，というような用語の意味と使い分けが気になる方は，[4] 付録 A.2.1 項を参照してください．

それでは，補題 6.19 を証明しましょう．まず，（1）を示すために，p を 10 で割って，商を q，余りを r とします．つまり，

等式 6.22 $p = 10q + r \quad (0 \le r \le 9)$

です．等式 6.22 によって，もし r が 2（または，5）で割り切れると p も 2（または，5）で割り切れることになって，$p \ne 2, 5$ という仮定に反します．したがって，r の値としては，$r = 1, 3, 7, 9$ の 4 つの可能性しかありません．この 4 つの値のそれぞれについて，表 6.23 のように x, y を定めます．

表 6.23

r	1	3	7	9
x	$-q$	$3q+1$	$-3q-2$	$q+1$
y	1	-3	3	-1

すると，等式 6.22 を使って簡単な計算をして，表 6.23 の x, y が等式 6.20 をみたすことが確かめられます．これで（1）が示せました．

次に，（2）を示すために，等式 6.20 の両辺に a を掛けると

等式 6.24 $(10a)x + p(ay) = a$

が得られます（議論がわかりやすくなるようにカッコでくくって

おきました). 仮定により $10a$ は p で割り切れて, もちろん p 自身も p で割り切れるので, 等式 6.24 の左辺は p で割り切れます. したがって, 等式 6.24 の右辺である a も, p で割り切れます. これで (2) も証明されました. **(補題 6.19 の証明終わり)**

いよいよ定理 6.17 の証明に取りかかりましょう. 「なぜ $p-1$ か?」という疑問に答えが与えられます. もし証明の議論がわかりにくいようなら, 先に例 6.35 を眺めてください. 「何をしているか」がわかりやすくなるかもしれません.

まず $j=1, 2, \cdots, p-1$ のそれぞれについて, $10j$ を p で割った余りを r_j とします. このとき, 補題 6.19 (2) によって $10j$ は p で割り切れないので, $r_j \neq 0$ であることに注意してください. 以上のことを合同式で書き表せば,

合同式 6.25　$10j \equiv r_j \pmod{p}$ $(1 \leq r_j \leq p-1 ; j=1, 2, \cdots, p-1)$

となります.

ここで, 1 から $p-1$ の間にある 2 つの自然数 j, j' について

性質 6.26　$j \neq j'$ ならば $r_j \neq r_{j'}$ である

ことを示します. そのためには性質 6.26 の対偶を証明すればよいので, $r_j = r_{j'}$ が成り立つと仮定します. すると, 合同式 6.25 によって $10j \equiv 10j' \pmod{p}$ となるので, $10(j-j') \equiv 0 \pmod{p}$ が得られます[6]. ここで $a=j-j'$ に対して補題 6.19 (2) を適用すれ

---

[6]　ここで合同式での引き算をしています.「引き算などしていいのか?」という疑問をもつ人もいるかもしれません. でも, 安心してください:大丈夫ですよ. 定理 5.18 (2) が,「引き算も OK」と保証してくれています.

132

ば $j - j' \equiv 0 \pmod{p}$ が得られるので，$j - j'$ は p の倍数です．一方で，整数 j と j' は 1 から $p-1$ の間にあるので，

条件 6.27　$-(p-2) \leqq j - j' \leqq p - 2$

が成り立っています．条件 6.27 をみたす整数 $j - j'$ で p の倍数であるものは 0 しかありません．したがって，$j - j' = 0$，つまり $j = j'$ でなくてはなりません．以上で性質 6.26 が証明できました．

ここで，$p-1$ 個の自然数からなる数列

数列 6.28　$r_1, r_2, \cdots, r_{p-1}$

がどんなものか，を考えてみます．すると，まず r_j の定義から，数列 6.28 に現れる数はすべて 1 から $p-1$ の間にある自然数です．さらに，性質 6.26 によって，数列 6.28 には同じ数は現れません．結局，数列 6.28 は，

条件 6.29　1 から $p-1$ の間にある自然数からなる $p-1$ 個の数で，すべて異なっている

をみたすことがわかります．条件 6.29 がみたされるためには，「数列 6.28 には 1 から $p-1$ の間にある数が 1 回ずつ現れている」という状況でなくてはなりません．つまり，

性質 6.30　$r_1, r_2, \cdots, r_{p-1}$ は $1, 2, \cdots, p-1$ を並べ替えた数列である

ということです．

ここで，$j = 1, 2, \cdots, p-1$ をすべて掛け合わせて得られる整数

を M とおきます．つまり，M は

定義式 6.31 $M = 1 \times 2 \times \cdots \times (p-1)$

で与えられる整数です．次に，性質 6.30 と「掛け算の結果は，掛ける順番には関係ない」という事実を使うと

等式 6.32 $r_1 \times r_2 \times \cdots \times r_{p-1} = M$

が得られます（M は定義式 6.31 の通りです）．最後に，$j = 1, 2, \cdots,$ $p-1$ のすべてについて合同式 6.25 の両辺をそれぞれ掛け合わせて，等式 6.32 を使うと

合同式 6.33 $10^{p-1} \times M \equiv M \pmod{p}$

が導かれます[7].

合同式 6.33 は，

性質 6.34 $(10^{p-1} - 1) \times M$ が p で割り切れる

ことを意味しています．そして，定義式 6.31 からわかる通り，M は「p で割りきれない数の積」なので，M も p で割り切れません[8]．したがって，性質 6.34 から，「$10^{p-1} - 1$ は p で割り切れる」と結論できます．これは，定理 6.17 に他なりません．（**証明終わり**）

例 6.35 $p = 7$ として，定理 6.17 の証明を具体的にたどってみます．$j = 1, 2, \cdots, 6$ について $10j$ を 7 で割った余りを r_j とするの

---

[7] 合同式 6.25 を掛け合わせるときに，定理 5.18（3）が"活躍"していることに注意してください．

[8] ここでは，「2 つの整数の積が p で割り切れれば，2 つのうちどちらかが p で割り切れる」という事実を使っていて，これは「素数」の重要な性質です．この事実も，補題 6.19 と同じようにして証明されますが，詳しくは [3] 定理 1.8，[4] 命題 1.11（2）などを参照してください．

134

でした．結果を表にすると，表 6.36 となります．表を見れば，「r_1, r_2, …, r_6 が 1, 2, …, 6 の並べ替え」になっていることがわかります．このことと，$10 \times 20 \times \cdots \times 60$ は $r_1 \times r_2 \times \cdots \times r_6$ と 7 を法として合同である，という事実を使えば，$10^6 \equiv 1 (\bmod\ 7)$ が導かれるわけです．

表 6.36

j	1	2	3	4	5	6
$10j$	10	20	30	40	50	60
r_j	3	6	2	5	1	4

　定理 6.17 の直後に注意したように，定理 6.17 から性質 6.4 が導かれます．しかし，定理 6.17 を使わなくても，性質 6.4 を証明することができます．この節の最後に，補題 6.19 を使って性質 6.4 を導く方法を示しておきましょう．証明のアイディアは，1, 10, 10^2, … という「10 のベキ」について，「p で割った余り」を次々にとっていく，ということです．

　記号を使って説明しましょう．自然数 $k = 1, 2, \cdots$ について「10^k を p で割った余り」を s_k とします．合同式を使って書けば，

合同式 6.37　　$10^k \equiv s_k \pmod{p}$　$(0 \leqq s_k \leqq p - 1 ; k = 1, 2, \cdots)$

ということです．ここで，s_k のとる値は，「0 から $p-1$ までの整数」という p 個の選択肢しかないことに注目します．しかし，k はすべての自然数を動くのですから，無限個あります．すると，（少なくとも）2 つの異なる k について s_k が同じ値をとらなければな

りません[9]. つまり,

条件 6.38　　$k < k'$　かつ　$s_k = s_{k'}$

をみたす自然数 k, k' が存在します. 合同式 6.37 によって, 条件 6.38 から

性質 6.39　　$10^{k'} - 10^k = 10^k(10^{k'-k} - 1)$ は p で割り切れる

ことが導かれます. 補題 6.19(2) を繰り返し適用すると, 性質 6.39 から, $10^{k'-k} - 1$ が p で割り切れることが示されます. 条件 6.38 より $k' - k$ は自然数なので, $d = k' - k$ とおけば, 合同式 6.5 が成り立つことがわかります. これで, 性質 6.4 が証明できました.

（**証明**終わり）

この証明では,「自然数 d をどのようにとれば合同式 6.5 が成り立つのか」にはまったく答えていない, ということに注目してください.「いくつなのかはわからないが, とにかく存在する」ということを示しているわけです. これは, とても「数学的」といえます（「哲学的」な感じもしますね）. これに対して定理 6.17（＝フェルマーの小定理）は「$d = p - 1$ ととれる」と明確に主張していることがわかります. この意味で,「フェルマー（の小定理）は凄い」のです.

---

[9]　実際には, s_k のある値 s について,「$s_k = s$ となる k が無限個存在する」という状況であることがわかります. しかし, いまは「無限個」までは必要なくて,「少なくとも2つある」ということで十分です.

6.3 純循環小数

この節では，定理 6.3 と定理 6.15 を証明します．6.1 節で説明した通り，これによって循環小数が合同式とつながります．そして，そのおかげで，問題 6.1 と問題 6.2 に解決がもたらされます．

定理 6.3 の証明では，高校で学ぶ公式が重要な役割を果たします．まずは，その公式を確認し，公式の導き方を確認しておきましょう．

本書で活躍してくれる公式は，

公式 6.40 $\dfrac{1}{1-t} = 1 + t + t^2 + \cdots$ （t は $|t| < 1$ をみたす実数）

です．ここで，$|t|$ は t の絶対値を表します．（ただし，本書では t が正の場合しか使わないので，$0 < t < 1$ としておいても OK です．）公式 6.40 は高校の数学だけではなく，数学の最先端の研究でも利用されることが多い「重要事項」なので，「導き方」を理解していることも大切です．やってみましょう．まず，自然数 n を 1 つとって，

$$S_n = 1 + t + t^2 + \cdots + t^{n-1} + t^n$$

という和を考えます．（注：$n \to \infty$ としたときの S_n の極限が公式 6.40 の右辺です．）ここで，S_n に t を掛けると

$$tS_n = t + t^2 + t^3 + \cdots + t^n + t^{n+1}$$

が得られますが，この等式を上の等式（S_n を定めた式）から引きます．すると，左辺は $S_n - tS_n = (1-t)S_n$ に等しいです．また，

137

右辺はたくさんの項がゴソゴソっと打ち消しあって，$1-t^{n+1}$ となります．これで，

$$(1-t)S_n = 1 - t^{n+1}$$

であることがわかりました．この等式の両辺を $1-t$ で割れば，$S_n = 1 + t + t^2 + \cdots + t^n$ であることから，

等式 6.41　$1 + t + t^2 + \cdots + t^n = \dfrac{1-t^{n+1}}{1-t}$

が得られます．（注：$|t|<1$ であることから特に $1-t \neq 0$ がわかるので，$1-t$ で割ることができます．）

最後に，$n \to \infty$ としたときの極限を考えます．すると，$|t|<1$ なので，$t^{n+1} \to 0$ が成り立ちます．したがって，（左辺と右辺を入れ替えてから）等式 6.41 で $n \to \infty$ とすれば，公式 6.40 が導かれます．

定理 6.3 の証明のために，公式 6.40 に少し "細工（さいく）" をします．といっても，話は簡単で，整数 N を（勝手に）とって，公式 6.40 の両辺に Nt を掛けるだけです．すると，

等式 6.42　$\dfrac{Nt}{1-t} = Nt + Nt^2 + Nt^3 + \cdots$

（t は $|t|<1$ をみたす実数）

が得られます[10]．等式 6.42 が，問題解決のための「武器」です．

さて，$d(p)$ の定義（定義 6.9 参照）によって $10^{d(p)}-1$ は p の倍数なので，$(10^{d(p)}-1)/p$ は自然数です．そこで，

---

[10]　等式 6.42 が成り立つためには N が整数であることは必要ではなくて，N はどんな実数でも構いません．しかし，証明で利用するのは整数の場合だけなので，整数に限定して，整数の "雰囲気" をもった N という記号を使うことにしました．

$$N = h \times \frac{10^{d(p)} - 1}{p} = \frac{h(10^{d(p)} - 1)}{p}$$

とおけば，N も自然数です．さらに，$h < p$ であることから

$$N < p \times \frac{10^{d(p)} - 1}{p} = 10^{d(p)} - 1 < 10^{d(p)}$$

が成り立っているので，N の桁数は $d(p)$ 以下です．したがって，N は $d(p)$ 個の数字 $a_1, a_2, \cdots, a_{d(p)}$ を使って

表示式 6.43　$N = a_1 a_2 \cdots a_{d(p)}$

と表せます[11]．

ここで，上で定めた N と，$t = 10^{-d(p)} = 1/10^{d(p)}$ を等式 6.42 に代入します．すると，等式 6.42 の左辺は

$$N \times \frac{t}{1-t} = h \times \frac{10^{d(p)} - 1}{p} \times \frac{10^{-d(p)}}{1 - 10^{-d(p)}} = \frac{h}{p}$$

となります．等式 6.42 の右辺を調べるために，最初の項の Nt をみてみます．すると，$t = 10^{-d(p)}$ と表示式 6.43 により

等式 6.44　$Nt = \dfrac{a_1 a_2 \cdots a_{d(p)}}{10^{d(p)}} = 0.a_1 a_2 \cdots a_{d(p)}$

が得られます．等式 6.42 の右辺は，等式 6.44 に $t = 10^{-d(p)}$ を次々に掛けて，それらを足し合わせたものです．小数表示で「$t = 10^{-d(p)}$ を掛ける」ということは「数字を $d(p)$ 個だけ右にずらす（＝小数点を数字 $d(p)$ 個分だけ左にずらす）」という操作と同じだったことを思い出しましょう．したがって，等式 6.44 により，等式 6.42 の右辺は

---

[11]　このとき，N の桁数が $d(p) - 1$ 以下である場合は，$a_1 = 0$ など，最初のほうの数字が 0 になることに注意してください．この表し方は，1.4 節で 76923 を（敢えて）076923 と書き表したのと "同じ要領" です．

表示式 6.45　$0.a_1a_2\cdots a_{d(p)}a_1a_2\cdots a_{d(p)}\cdots = 0.\overline{a_1a_2\cdots a_{d(p)}}$

という純循環小数であることが示せました. 以上で, h/p が（表示式 6.45 の形で）純循環小数として表されることがわかりました. これで, 定理 6.3 の証明が完成です.

引き続いて, 定理 6.15 を証明しましょう.「え？, h/p は表示式 6.45 で表されたのだから, それで終わりじゃないの？」と思いますか？確かに, 表示式 6.45 は重要ですが, それだけでは不十分なのです. 議論のポイントは, 注意 3.29（p.69）にあります. つまり, 表示式 6.45 では「$d(p)$ 個の数字が循環している」のは確かなのですが,「長さが最小」かどうかは, まだわかっていません. 注意 3.29 で取り上げた例のように, 数字の並びが分割されてしまうかもしれないのです.

上記の論点を意識して, 定理 6.15 を証明していきます. そのために, h/p の循環節の長さを L として, h/p が

表示式 6.46　$\dfrac{h}{p} = 0.\overline{a_1a_2\cdots a_L}$

と表せたとしましょう. このとき, 表示式 6.46 の両辺に 10^L を掛けたものから表示式 6.46 を引けば, 小数部分が打ち消して

等式 6.47　$(10^L-1)\times\dfrac{h}{p} = a_1a_2\cdots a_L$

が得られます [12]. 等式 6.47 の右辺は整数なので, 左辺の分母である p は 10^L-1 を割り切らねばなりません（$1\leq h\leq p-1$ であることに注意）. これは, 合同式 $10^L\equiv 1\pmod{p}$ が成り立つ, と

───────────

[12]　この操作は, 定理 3.34 の証明の中でおこなった操作と同じです.

いうのと同じことです．すると，定理 6.10 によって，L は $d(p)$ の倍数でなくてはなりません．したがって，特に，$L \geq d(p)$ が成り立ちます．

一方で，既に示したように，h/p は表示式 6.45 の形で純循環小数として表されることがわかっていました．これは，$L \leq d(p)$ が成り立つことを示しています．

以上で，$L = d(p)$ が成り立つことが示せました．L は h/p の循環節の長さだったので，これで定理 6.15 の証明が完成しました．

（**証明終わり**）

定理 3.48 も定理 6.3 と同じ考え方で証明できます．しかし，定理 3.48 の証明のためには，本書で用意した「武器」だけでは，ちょっと力不足です．どんな「武器」を用意すればよいかを考えて，証明に挑戦してください．

練習問題 6.48 定理 3.48（p.81）を証明せよ．

6.4 「小さな不思議」と合同式

「小さな不思議」は 3.6 節で完全に「解明」されていますが，これも合同式を知っているとさらにわかりやすくなります．

合同式の話をする前に，まず「小数」を扱ってみましょう．そのために $\alpha = 1/7$ とおき，小数展開を思い出すと

等式 6.49 $\alpha = 0.142857142857142857\cdots$

となっていたのでした（等式 6.49 は等式 3.9 と同じ）．3.1 節で
は等式 3.9 の両辺を 10^6 倍しましたが，ここでは，等式 6.49 の両
辺を 10^3 倍します．すると，小数点が 3 つずれて

等式 6.50　　$10^3\alpha = 142.857142857142\cdots$

となります．3.1 節では 2 つの等式を引きましたが，ここでは，
等式 6.49 と等式 6.50 を足します．すると，

等式 6.51　　$(10^3 + 1)\alpha = 142.999999999999999\cdots$

となります（小さな不思議 1.11 を反映して，小数点以下は，す
べて 9 です）．ここで，例 2.24 を思い出すと，等式 6.51 は

等式 6.52　　$(10^3 + 1)\alpha \quad (= 142 + 1) = 143$

と同じことです．等式 6.52 から，特に，$(10^3 + 1)\alpha$ が整数である
ことがわかります．$\alpha = 1/7$ であることを思い出して実際に計算
をしてみれば，確かに $10^3 + 1 = 1001$ が 7 で割り切れて，商が 143
であることがわかります．

　以上の現象を，合同式を使って記述しましょう．まず，「$10^3 + 1$
が 7 で割り切れる」ことを合同式で表せば

合同式 6.53　　$10^3 + 1 \equiv 0 \pmod 7$

となります．循環小数を考察した 3.1 節で，循環節の長さが 6 で
あることに関連して，$10^6 - 1$ が 7 で割り切れることを取り上げ
ました．そのことは，合同式を使って

合同式 6.54　　$10^6 - 1 \equiv 0 \pmod 7$

と書き表せます．合同式 6.53 と合同式 6.54 を見較べて，何を
"連想"しますか？そう，

等式 6.55 $10^6 - 1 = (10^3 - 1)(10^3 + 1)$

ですね．（変数 X の多項式の因数分解

等式 6.56 $X^2 - 1 = (X - 1)(X + 1)$

は"おなじみ"でしょう．等式 6.55 は，等式 6.56 に $X = 10^3$ を
代入して得られます.）

　等式 6.55 のように因数分解されることによって，7 が $10^3 - 1$
か $10^3 + 1$ のどちらかを割り切れば，合同式 6.54 が成り立つこと
がわかります．そして，実際には，「7 は $10^3 - 1$ は割り切らないが，
$10^3 + 1$ を割り切る」という状況になっています．

　これまでの話は $\alpha = 1/7$ という 1 つの数値に関するものでした
が，同じことはもっと一般的に成り立っています．つまり，α が
純循環小数で表されていて，その循環節の長さが L であれば，
「$(10^L - 1)\alpha$ は整数」となります．ここで，L が偶数なら $L/2$ が
自然数で，

$$10^L - 1 = (10^{L/2} - 1)(10^{L/2} + 1)$$

と因数分解されますが，このとき，「$(10^{L/2} + 1)\alpha$ は整数」となっ
ているのです．

　この事実を合同式で解釈すると，下の練習問題 6.58 になりま
す．ぜひ自分で解答してみてください（練習問題 6.57 は，練習
問題 6.58 の"前振り"です）．

練習問題 6.57 素数 p と自然数 f が合同式 $10^f \equiv -1 \pmod{p}$ をみたすとする．このとき，$10^{2f} \equiv 1 \pmod{p}$ が成り立つことを示せ．

練習問題 6.58 p は素数で，$d(p)$ は定義 6.9 の通りとする．このとき，$d(p)$ が偶数で，$d(p) = 2f$（f は自然数）と表せるなら，$10^f \equiv -1 \pmod{p}$ であることを示せ．

第 7 章

原始根と
アルチン予想

本書の最後となるこの章では，前章までの考察の延長として，数学の「前線」を覗いてみましょう．そうすれば，読者に「数学がどのように発展していくものなのか」が感じていただけるかと思います．これまでは「予備知識ナシ」で読めるように書いてきました．しかし，本章ではそういうわけにもいきません．必要な知識については，参照すべき文献を挙げておくので，正確な情報を得たい方は，そちらを参照してください．

7.1 アルチン予想の紹介

4.3 節で推測 4.11 を取り上げました．実際に，推測 4.11 は「成り立つだろう」と考えられていて，「予想」となっています．

予想 7.1 無限個の素数 p について $d(p) = p - 1$ が成り立つ.

大数学者のガウス（Carl Friedrich Gauss）は［2］の中で $d(p)$ について考察しているので，予想 7.1 を初めて考えたのは，多分ガウスなのでしょう．

数学の世界で予想（conjecture）という言葉は，

成り立つだろうと思われているが，証明されていない主張

を指すのが一般的です．ただ，「予想として有名になったあと，（優れた数学者の努力で）証明された」ということがよくおきますが，証明された後も従来通りの名前で「ナニナニ予想」と呼ばれ続けることもあります．この場合は，呼び名は「予想」でも，その"実体"は「定理」です．予想 7.1 がどのような状況にあるかは，7.3

節で説明します.

予想 7.1 は「無限個ある」という定性的な主張で,「どのくらいたくさんあるのか」という定量的な評価には触れていません. 予想 7.1 をさらに深めて, 定量的に考察したのがアルチン (Emil Artin) で, それが本章の表題にあるアルチン予想です.

アルチン予想を理解するには,「素数は無限個ある」という主張の「定量化」である「素数定理」を知っていたほうがよいと思います. なぜなら,「素数はどのくらい (たくさん) あるのか」という問いかけに数量できちんと答えるのが素数定理だからです. 証明はとても難しいので本書では解説できませんが, 次の定理 7.2 が素数定理と呼ばれています.

定理 7.2

不等式 $p < x$ をみたす素数 p の個数を $\pi(x)$ と書き表す. このとき,

極限 7.3 $$\lim_{x \to \infty} \frac{\pi(x)}{(x/\log x)} = 1$$

が成り立つ.

例 7.4 たとえば, 30 以下の素数を並べてみると

$$2, 3, 5, 7, 11, 13, 17, 19, 23, 29$$

となります. このことから

$$\pi(10) = 4, \ \pi(20) = 8, \ \pi(30) = 10$$

などとなることがわかります.

高校で（または，大学初年級で）学習する通り，極限 7.3 の左辺の分母は

極限 7.5 $\displaystyle \lim_{x \to \infty} \frac{x}{\log x} = \infty$

をみたします．したがって，極限 7.3 から

極限 7.6 $\displaystyle \lim_{x \to \infty} \pi(x) = \infty$

が導かれます．ここで，$\pi(x)$ の定義（定理 7.2 参照）を思い出せば，極限 7.6 は「素数は無限個ある」という主張と同じです．さらに，極限 7.6 だけから極限 7.3 を導くことはできないので，極限 7.3 は極限 7.6 より「強い主張」です．この意味で，極限 7.3 は「素数は無限個ある」という定理の（定量化であるとともに）精密化であるといえます．

アルチンが考えたのは，

問題 7.7 $d(p) = p - 1$ をみたす素数 p は，素数全体の中でどのくらいの割合を占めるか？

という問題でした．この問題 7.7 に対して，アルチンは独創的な発想で，次の予想に到達しました．

予想 7.8 素数 p であって，条件「$p < x$ かつ $d(p) = p - 1$」をみたすものの個数を $f_{10}(x)$ と書き表す．このとき，

極限 7.9 $\displaystyle \lim_{x \to \infty} \frac{f_{10}(x)}{\pi(x)} = A$

が成り立つ．ただし，A は

定義式 7.10 $\displaystyle A = \prod_{q : 素数} \left(1 - \frac{1}{(q-1)q} \right)$

で与えられる定数で，近似値は $A = 0.3739\cdots$ である．

定義式 7.10 の右辺にある記号 $\prod_{q:素数}$ は,「すべての素数 q に渡る積」を表しています. つまり, q は $q=2, 3, 5, 7, 11, \cdots$ と素数全体を動いて, それぞれの q について $1-1/(q-1)q$ を掛け合わせる, というのが定義式 7.10 の右辺の意味です. あなたは,「定義式 7.10 の意味はわかったが, 何でこんな積が出てくるんだ?」と思いましたね. そうでしょう, 私もそう思いました. しかし, このような数値を導き出してくるところが, アルチンの凄(すご)いところなのです. 定義式 7.10 の「出所(でどころ)」は代数的整数論という数学の高度な理論にあって, とても本書では解説しきれません. アルチンが予想 7.8 を導いた過程は [7] の Preface に紹介されていますので, 興味のある読者は参照してください.

さて, 定義式 7.10 で与えられる A は正の実数です. したがって, 予想 7.8 が正しければ, 極限 7.9 と極限 7.6 から

極限 7.11 $\quad \displaystyle\lim_{x \to \infty} f_{10}(x) = \infty$

が導かれます. 極限 7.11 は, まさに「予想 7.1 が正しい」ということを示しています. この意味で, 予想 7.8 は予想 7.1 の定量化であり, 精密化なのです.

予想 7.8 を「アルチン予想」と紹介しましたが, 正しくは「アルチン予想の特別な場合」というべきです. というのは, 予想 7.8 は 10 という数に基づいています[1]が, 本来のアルチン予想は, 一般の整数 a を相手にしているからです. 一般のアルチン予想に

---

[1]　位数 $d(p)$ は定義 6.9 にありますが, そこで参照されている合同式 6.5 に 10 が登場しています. また, 関数 $f_{10}(x)$ の記号に 10 が登場しているのも, この関数が 10 と関連して定められているからです.

ついて述べるには少し準備が必要なので，それを次節で説明します．そのあと，7.3 節で，「アルチン予想は解決されたのか」という論点について解説しましょう．

7.2 原始根

アルチンは非常に優れた数学者で，とても多くの数学の分野で活躍しています．その結果，実は，「アルチン予想」と呼ばれる予想は，前節で述べたものの他にもいくつかあります．そして，本書で扱っている予想は「原始根に関するアルチン予想」と呼ばれるのが普通です．つまり，本来のアルチン予想について説明するには，原始根について知っていなければなりません．ということで，本節で原始根の説明をおこないます．すでに原始根のことを知っている読者は，本節を飛ばして，次節に進んでください．

原始根について知識のある読者のために書いておくと，予想 7.1 で登場した $d(p) = p - 1$ という条件は，通常「10 は p を法とする原始根である」と表現されるわけです．この表現が理解できるように，原始根の定義を与えましょう．そのための準備として，定理 7.12 が必要です．

定理 7.12

> p が素数で，a が p で割り切れない整数であるとき，
> $$a^{p-1} \equiv 1 \pmod{p}$$
> が成り立つ．

定理 7.12 はどこかで見たことがある，と感じますか？ そう，定理 7.12 こそが"あの有名な"フェルマーの小定理です．「定理 7.12 の $a=10$ の場合」が本書で証明した定理 6.17 です．定理 7.12 は「大物」過ぎて，証明にはいろいろ準備が必要なので，本書では取り上げなかったのです．定理 7.12 の証明については，教科書を参照してください（たとえば，[3] 定理 1.25，[4] 定理 1.29）．

さて，定義 6.9 に対応して，次の定義 7.13 が浮かび上がってきます．

定義 7.13

p は素数で，a は p で割り切れない整数とする．このとき，合同式 $a^d \equiv 1 \pmod{p}$ が成り立つような自然数 d の中で最小のものを「p を法とする a の位数」と呼び，$d(a, p)$ と書き表す．

定義 7.13 で $a=10$ としたときの $d(10, p)$ が，定義 6.9 の $d(p)$ に他なりません（$d(p) = d(10, p)$）．

定義 7.13 を受けて，定理 6.14 に対応する結果として，定理 7.14 が成り立ちます．定理 7.14 は定理 7.12 から導かれて，証明の流れは，定理 6.14 の場合と同じです．ぜひ，定理 7.14 の証明を自分で書き下してみてください．

定理 7.14

p は素数で，a は p で割り切れない整数とする．このとき，$d(a, p)$ は $p-1$ の約数である．

定理 7.14 により，「$d(a, p)$ のとり得るもっとも大きな値」は $p-1$ です．数学ではよく起こることですが，「最大値をとる」という状況は重要です．そこで，次の定義 7.15 が生まれます．

定義 7.15

p は素数で，a は p で割り切れない整数とする．

$d(a, p)=p-1$ が成り立つとき，「a は p を法とする原始根である」という．

原始根という用語を使えば，予想 7.1 に登場した条件 $d(p)=p-1$ は，

条件 7.16　10 は p を法とする原始根である

と言い換えられます．当然ながら，読者は，「立派な名前がついたのは良いけれど，原始根なんて本当にあるのか？」という疑問を抱くでしょう．これも，「安心してください．大丈夫ですよ．」というわけで，次の定理 7.17 が成り立ちます．

定理 7.17

すべての素数 p について，p を法とする原始根が（少なくとも 1 つ）存在する．

　原始根は初等整数論の中で大活躍します．理論的にも重要ですが，実際の計算で，原始根は非常に役に立つのです．特に，十進法を採用して計算するときには，条件 7.16 が成り立っていると便利です．このために，ガウスは [2] の中で，条件 7.16 について考察しています．

　残念ながら，定理 7.17 の証明は本書の守備範囲を超えてしまっています．定理 7.17 の証明と原始根の "活躍の様子" は，何らかの初等整数論の教科書を参照してください（たとえば，[3] §11，[4] 1.3.4 項，などで扱われています）．

7.3　本来のアルチン予想

　前節で導入した「原始根」は，整数論の中で重要な役割を果たします．したがって，多くの数学者が原始根の研究をおこなってきました．それらの研究の中で，ひときわ美しく輝いているのが「（原始根に関する）アルチン予想」です．本節で，アルチン予想とその "解決" についてお話しましょう．

　さて，原始根に関わる「登場人物」は

$$素数 p と，p で割り切れない整数 a$$

でした．この状況で

等式 7.18　$d(a, p) = p - 1$

が成り立つことが原始根の条件です（定義 7.15 参照）．

　位数 $d(a, p)$ には「動くもの（＝パラメーター）」が 2 つあります（a と p です）．そして，「原始根の存在定理」である定理 7.17 は，「どんな p についても，等式 7.18 をみたす a が存在する」と主張しています．これは，

$$p\ \text{を止めて，}\ a\ \text{を動かす}$$

という状況を考察していることになります．

　これに対して，アルチンは

$$a\ \text{を止めて，}\ p\ \text{を動かそう}$$

という意識を明確にし，当時発展してきていた「代数的整数論」を武器として，数学的考察を進めました．この，独創的な状況設定と適切な「武器」の選択に，アルチンの優れた「数学的センス」が現れています．具体的には，アルチンの考えた問題は

　問題 7.19　整数 a が与えられているとき，等式 7.18 をみたす素数 p はどのくらいあるか？

というものです．

　説明は省きますが，a が平方数[2]だったり，$a = -1$ だったりすると，問題 7.19 は "つまらない" ということがわかります．（具

---

[2]　「整数の 2 乗」の形の整数を平方数と呼びます．つまり，$0, 1, 4, 9, 16, \cdots$ が平方数です．

154

体的には，a が平方数か -1 である場合には，5 以上の素数 p は決して等式 7.18 をみたしません．）したがって，今後はこれらの場合を除外して考えることにします．

問題 7.19 を定量的に考察するために，正の実数 x に対して，等式 7.18 と不等式 $p < x$ を同時にみたす素数 p の個数を $f_a(x)$ と書き表すことにします．このとき，アルチン予想の内容は，次のようになります．

予想 7.20 設定は上の通りとする．このとき，正の定数 A_a が定まり，

$$\textbf{等式 7.21} \quad \lim_{x \to \infty} \frac{f_a(x)}{\pi(x)} = A_a$$

が成り立つ．ただし，$\pi(x)$ は定理 7.2 で定義された関数である．

もちろん，きちんと A_a を定めなければ，予想 7.20 は意味をもちません．しかし，それはちょっと複雑なので，本書では省略します（[7]［8］［9］などを参照してください）．ただ，$a = 10$ のとき（さらには，a が平方因子をもたない[3]とき）は，A_a は定義式 7.10 で与えられる A と同じです．

定数 A_a は興味深い歴史をもっています．最初，アルチンは，現在の A_a の値とは違う値で予想を定式化しました．しかし，アルチンの予想に興味をもって計算機で数値実験をしたアメリカの数学者レーマー（Lehmer）夫妻から，「数値が合わない」という連絡をもらったそうです．その後，アルチンとレーマー夫妻は密

---

[3]　これは，「a を割りきる平方数は 1 だけである」という意味です．このことは「p^2 が a を割り切るような素数 p は存在しない」といっても同じです．たとえば，10 や -15 は平方因子をもちませんが，12 は平方因子をもちます（$4 = 2^2$ が平方因子です）．

155

接なやり取りをして，その成果として，数値のずれの根拠が明らかになりました．そして，アルチンは自分の推論を正しく修正することができて，予想 7.20 にたどり着いたわけです．アルチンの時代は電子メールなどなかったので，アルチンとレーマー夫妻のやり取りは手紙でおこなわれました．その書簡を調べて，アルチン予想が正しく定式化されていく様子が，[9] に紹介されています．現代数学の歴史に興味のある読者は，ぜひ読んでみてください．

アルチン予想の研究の「結論」を次節でご紹介しましょう．

7.4　リーマン予想とアルチン予想

アルチンが予想 7.20 を提出して以来，予想の解決のために，数学の世界で盛んに研究が進められました．その結果，ついにイギリスの数学者フーリー（Christopher Hooley）によって，次の定理 7.22 が示されました．

定理 7.22

一般リーマン予想が成り立つという仮定のもとで，アルチン予想（＝予想 7.20）は正しい．

「定理」とは書きましたが，定理 7.22 の文章では「何を言っているかわからない」かもしれません．しかし，フーリーの結果を正確に述べることは，本書の“守備範囲”を大きく超えています．

厳密な内容に興味のある読者は，直接，論文 [8] を参照してください．

ここでは，定理 7.22 の意味するところを簡単に説明しておきましょう（"雰囲気"だけになってしまいますが）．まず，「定理 7.22 によって，予想 7.20 が解決されたのか」といえば，それは，そうとはいえません．「一般リーマン予想」については後で説明しますが，これも「予想」であって，まだ解決されていません．したがって，論理的には，定理 7.22 は「アルチン予想」という未解決問題を「一般リーマン予想」という未解決問題に"押し付けた"だけです．しかし，一般リーマン予想は，歴史も古く，誰もが正しいと信じている[1]大予想で，一般リーマン予想が正しくない，となったら，大事です．この意味で，定理 7.22 があれば，「アルチン予想も正しいだろう」と感じられるわけです．

さて，「一般」ではない"普通の"リーマン予想は，リーマン（Bernhard Riemann）[5]のゼータ関数 $\zeta(s)$ というものに関する予想で，

予想 7.23　$\zeta(s)$ の自明でない零点の実部は $\dfrac{1}{2}$ である

という主張です．予想 7.23 には「知らない言葉」がいくつも出

---

[1]　この言明には異論があるかもしれません．「反論」のある方は，筆者に連絡を…いただかなくて大丈夫です．お互いに，自分の信念に従って，楽しく生きていきましょう．

[5]　19 世紀の偉大な数学者です．伝記を読むことをお勧めします．世界的な金融危機「リーマン・ショック」のリーマンと混同されがちですが，2008 年に破綻したのは Lehman Brothers Holdings Inc. で，まったく別の名字です．横浜中華街に［鯉鰻菜館］という中華料理屋を見つけて，友達と食事しに行ったことがあります．残念ながら，そのレストランで食事しても，リーマン予想は解決できませんでした．

てきているかと思いますが、それについては $\zeta(s)$ を扱った文献（た
とえば、[6]）を参照してください．

　整数論の中に代数的整数論という分野があって、その研究対象
は「代数体」です．そして、代数体には「デデキント（Richard
Dedekind）のゼータ関数」というものが対応しています（これ
についても [6] 第 6 章 §2 などの文献を参照してください）．有
理数体（＝有理数全体の集合に加減乗除の演算を考えたもの；[4]
例 2.24 などを参照）は代数体の"仲間"で、リーマンのゼータ
関数は「有理数体に対応するデデキントのゼータ関数」です[6]．
最後に、デデキントのゼータ関数にも予想 7.23 に対応する予想
があって、それが「一般リーマン予想」です．有理数体の一般化
が代数体だ、という事情から、「一般」という名前がついています．

　アルチンが、定数 A_a を定めて予想 7.20 にたどり着いたのは、（p
とは別の）素数 q に対して $K_q = \mathbf{Q}(\zeta_q, \sqrt[q]{a})$ という代数体（下の
注意 7.24 参照）を考察した結果でした．フーリーは、この代数
体 K_q に対応するデデキントのゼータ関数について精密な議論を
積み重ねて、定理 7.22 の証明に成功したのです．

注意 7.24　記号 $\mathbf{Q}$ は（上に出てきた）有理数体を表してい
て、$\sqrt[q]{a}$ は、予想 7.20 で扱っている整数 a の q 乗根のことです．
また、ζ_q は「1 の原始 q 乗根」を表す複素数で、複素数の指数関
数を知っていれば、$\zeta_q = e^{2\pi i/q}$ と考えてよいです．ここで、e は自

---

　[6]　話がややこしい、ですね．もう少し我慢してください．1つコメントしておくと、
歴史的には話が逆で、まずリーマンのゼータ関数があって、それを「一般化」して、
デデキントのゼータ関数が生まれました．

然対数の底，π は円周率，$i = \sqrt{-1}$ は虚数単位です．同じ ζ という記号を使っていますが，ζ_q と $\zeta(s)$ は別物なので，混乱しないように注意してください．

　さあ，長かった本書の旅路も，これで終わりです．最終章が駆け足になってしまって，恐縮です．でも，第6章までは，"じっくり丁寧に"説明したつもりです．第6章までを読んで数学の基礎力を養ったあとで，読者が（第7章で取り上げたような）「進んだ数学」を楽しんでくれることを期待しています．

コラム 5：「同じ」とは，何か？（後編）

　さて，「黒板の $\sqrt{2}$ 」と「ノートの $\sqrt{2}$ 」は同じか？，と問い詰められてしまった学生は，どのように答えたら良いのでしょうか？筆者がお勧めする対処法は，

　　　　　先生が「同じ」というときの基準は何ですか？

　　　　　その基準が分からないと答えられません．

と反撃することです．冷静になって考えてみると，「（2つの文字が）同じ」という言葉は，いくつもの「意味」をもつことが出来ます．たとえば，「文字の大きさ」や「文字を書いた道具（チョークか鉛筆か，など）」に注目するなら，「黒板の $\sqrt{2}$ 」と「ノートの $\sqrt{2}$ 」は同じではありません．しかし，2つの $\sqrt{2}$ の「数学的意味」だけを問題にするなら，「黒板の $\sqrt{2}$ 」と「ノートの $\sqrt{2}$ 」は同じ，なのです．したがって，筆者の質問に"正しく"答えようとすれば，『何を「同じ」と見なすのか』という基準を質問するべきなのです．（注：この場合の「数学的意味」は，黒板とノートの2つの $\sqrt{2}$ は，どちらも「2乗すると2になる正の実数」を指し示す記号だ，ということです．）

　この話の「教訓」は，

　　　　　「同じ」という言葉を使うときには，その背後に，

　　　　　かならず何らかの「基準」があるのだ

ということです．日常の生活では，その基準が「暗黙のうちに了解されている」ために，いちいち「基準」を述べたりはしない，というだけなのです．（注：筆者の観察によれば，そのような「暗黙の了解」が「幻想」に過ぎないことも多いです．）しかし，「基準を述べない」という現象が同じだとしても，「（初めから）基準がない」のと，「基準はあるが，いちいち述べない」というのは大違いなのです．数学の世界では，「基準」は明確になっていなければなりません．そして，「同じ」という言葉を使うときの基準が「同値関係」と呼ばれているのです．筆者が講義で学生に掴んでみせるのは，「同値関係」の意義を実感してほしいから，というわけでした．

第 8 章

練習問題の解答

8.1　練習問題 2.26

有限小数での表示：0.48

無限小数での表示：0.47999999⋯

8.2　練習問題 5.11

　読者の誕生日を存じ上げないので，正確な答えを与えることができません．筆者に言えるのは，「答えは，月曜日か火曜日か水曜日か木曜日か金曜日か土曜日か日曜日のどれかである」ということだけです．（明快だが意味のない答え，ですね．）ちなみに，誰も「知りたい」とは思わないでしょうが，自分に当てはめて練習問題を解いてみたところ，筆者が生まれたのは火曜日でした．

8.3　練習問題 5.13

　答えは「日曜日」です．解答の方法は，5.2 節の最後の説明と同様です．また，5.2 節で与えた，高木先生の誕生日である 1875 年 4 月 21 日は水曜日である，という結果から出発して，答えを出すこともできます．いずれの方法をとったとしても，4 月 21 日と違って「2 月 28 日はうるう日（＝2 月 29 日）の前である」という点に注意してください．

8.4 練習問題 6.48

解答方針は,「2でも5でもない素数 p」に対する定理6.3の証明と同じ流れで,「2でも5でも割り切れない自然数 m」を扱うことです.ここでは,細かい論証は省略して,証明のポイントをたどっていきます.基本的に第6章の番号を踏襲しますが,変更があるところはダッシュを付けて表しています(例:性質6.4に変更を施したものが,性質6.4′).

α を,分母が2でも5でも割り切れない有理数で $0<\alpha<1$ をみたすものとして,α を

$$\alpha = \frac{h}{m} \quad (1 \le h < m,\ h \text{ と } m \text{ は互いに素})$$

と表します(h と m は自然数です).このとき

性質 6.4′ 自然数 m が2でも5でも割り切れないとき

合同式 6.5′ $10^d \equiv 1 \pmod{m}$

をみたす自然数 d が(少なくとも1つ)存在する.

が成り立ちます(証明については,後述).性質6.4′を受けて,

定義 6.9′

合同式6.5′をみたす自然数 d で最小のものを $d(m)$ と表す.

が登場します.この定義によって $10^{d(m)} - 1$ は m で割り切れるので,

$$N = h \times \frac{10^{d(m)} - 1}{m} = \frac{h(10^{d(m)} - 1)}{m}$$

とおけば，N は自然数です．最後に，上の N と $t = 10^{-d(m)}$ に対して等式 6.42 を適用すれば，定理 6.3 の証明と同じ議論で $\alpha = h/m$ が純循環小数で表されることが証明できます．

さらに，6.3 節と同じ議論で，「α の循環節の長さは $d(m)$ に等しい」ことが証明できます（これは，定理 6.15 に相当する主張です）．

性質 6.4′ の証明について まず，補題 6.19 で「2 でも 5 でもない素数 p」を「2 でも 5 でも割り切れない自然数 m」で置き換えた主張が成り立ちます．（証明も，p を m に置き換えるだけで OK，です．）すると，6.2 節の最後で説明した「性質 6.4」の証明が，p を m で置き換えて，そのまま通用することが確かめられます．これで，性質 6.4′ が証明できます．

注意と補足 上で「p を m で置き換えれば OK」という状況が続きましたが，定理 6.17（＝フェルマーの小定理）については，**そうはいかないので**，注意してください．つまり，上記の m については，10^{m-1} は（m を法として）1 と合同とは**限りません**．

一般の m については，フェルマーの小定理を拡張したオイラーの定理が成り立ちます．オイラーの定理の「10 に特化したバージョン」を述べておくと，次のようになります（証明は省略します）．

まず，自然数 m に対して「オイラー関数」と呼ばれる値 $\varphi(m)$

が定まります（[3]§8や，[4]定義1.20参照）．そして，「2でも5でも割り切れない自然数 m に対して，$10^{\varphi(m)} \equiv 1 \pmod{m}$ が成り立つ」というのがオイラーの定理です．この定理を利用すると，「2でも5でも割り切れない自然数 m に対して，$d(m)$ は $\varphi(m)$ の約数である」という主張を導くことができます．オイラー関数の性質として「p が素数であるとき $\varphi(p) = p-1$ である」という事実があるので，この主張は定理6.14の一般化になっています．

8.5 練習問題 6.57

定理5.18(4)（の $k=2$ の場合）を適用して合同式 $10^f \equiv -1 \pmod{p}$ の両辺を2乗すれば，$10^{2f} = (10^f)^2 \equiv (-1)^2 = 1 \pmod{p}$ が導かれます．

8.6 練習問題 6.58

まず，f が自然数であることから，$f < 2f = d(p)$ が成り立つことを確認してください．

$d(p)$ の定義と $d(p) = 2f$ であることから $10^{2f} \equiv 1 \pmod{p}$ が成り立つので，$10^{2f} - 1$ が p で割り切れます．すると，等式 $10^{2f} - 1 = (10^f - 1)(10^f + 1)$ と p が素数であることから，$10^f - 1$ または $10^f + 1$ のどちらかが p で割り切れることがわかります．ここで，$10^f - 1$ が p で割り切れると仮定すると，合同式 $10^f \equiv 1 \pmod{p}$ が成り立つことになります．しかし，$1 \leq f < d(p)$ であったので，

これは $d(p)$ の定義に反してしまいます（定義 6.9 にある「最小性」に反しています）．これで，p が $10^f - 1$ を割り切らないことがわかりました．したがって，p は $10^f + 1$ を割り切らなくてはなりません．以上で，$10^f \equiv -1 \pmod{p}$ が成り立つことが示されました．

Memo

関連図書

[1] 吉田洋一，零の発見—数学の生い立ち（岩波新書），岩波書店，1986

[2] C. F. ガウス（高瀬正仁訳），ガウス整数論，朝倉書店，1995

[3] 高木貞治，初等整数論講義（第2版），共立出版，1971

[4] 中島匠一，代数と数論の基礎，共立出版，2000

[5] 中島匠一，集合・写像・論理—数学の基本を学ぶ，共立出版，2012

[6] 鹿野健（編著），リーマン予想，日本評論社，1991

[7] E. Artin, "The Collected Papers of Emil Artin", Springer Verlag, 1965

[8] C. Hooley, "*On Artin's conjecture*", Journal für die Reine und Angewandte Mathematik 225（1967），p.209-220

[9] P. Stevenhagen, "*The correction factor in Artin's primitive root conjecture*", Journal de Théorie des Nombres de Bordeaux 15（2003）p.383-391

索引

英字・数字・記号

!	15
$[x]$	35
$<x>$	35
…	40
a^k	129
$d(a, p)$	151
$d(p)$	125
K_q	158
max	50
mod	113
modulus	115
order	125
p	108
p^e	92
prime	108
prime number	108
$Q(\xi_q, \sqrt[q]{a})$	158
$\pi(x)$	147

あ行

余り	60, 63, 105
アルチン	147
アルチン予想	147
位数	125
一般化	89
一般リーマン予想	156
芋づる式	61, 88
オイラー関数	159
オイラーの定理	159

か行

垓	29
階乗	15
ガウス	146
ガウス記号	38
漢字	28, 45
完全数	26, 90
既約分数	48, 106
九去法	118, 119
極限	42, 43, 137, 147
位取り記数法	30, 32
グレゴリオ暦	111
京	29
桁数	83
原始根	150, 152

公式	137
合成数	108
合同	113
合同式	114, 129
公約数	106

さ行

最小値	70
最大公約数	106
最大値	70
サンキュウの性質	19, 20, 25, 82, 84
自然数	104
実験	93
実数	79
実数直線	34
自明な約数	108
周期的	65
十進小数	28, 39
十進法	26, 31, 32, 40, 153
循環	65, 66
——小数	57, 65, 68
循環節	68, 95
——の長さ	68, 96, 123, 128
純循環	66
——小数	68, 81, 95, 123

商	105
小数	28, 33, 45, 56
——展開	40, 41, 123
——点	40, 42
——表示	41
——部分	34, 37, 38, 44
初等整数論	104, 127, 128
数学的帰納法	117
数論の基本定理	130
整数	10, 40, 56, 104
——の演算	115
——の合同	113
——の分母	49
——部分	34, 38, 44
正の整数	105
正の約数	105
ゼータ関数	158
素因数分解の一意性	109, 130
素数	92, 108, 122, 127, 128, 146, 152
素数定理	147
素数のベキ	92
存在する	123

た行

代数体	158

代数的整数論	149, 154, 158	ベキ指数	60, 129
互いに素	73, 106	法	113, 114
10と——	73, 107	pを—とするaの位数	151
——である	48	補題	130
高木貞治	111	**ま行**	
たかだか	83	無限小数	47, 56
種明かし	61	無理数	36, 67, 79
小さな不思議	18, 25, 54, 82	**や行**	
兆	29	約数	105
デデキント	158	約分	49, 50, 106
テンテンテン	40	ユークリッドの互除法	106
な行		有限小数	46, 93
二進法	26, 33, 90	有効数字	46
は行		有理数	47, 48, 71, 79, 92
倍数	98, 105	曜日	110
フーリー	156	予想	146
フェルマーの小定理	128, 151, 159	**ら行**	
不思議	11, 22, 54, 64	リーマン	157
部分分数展開	92, 93	ルール	32, 45, 47, 111
分数	55	レーマー夫妻	156
分母	48	**わ行**	
平方因子	155	割り算	44, 77, 81, 105
平方根	154		

著者プロフィール

中島 匠一（なかじま しょういち）

1955 年，東京生まれ

1978 年，東京大学理学部数学科卒業

現在，学習院大学理学部数学科教授，理学博士

専門は，整数論

著訳書

「代数と数論の基礎」（共立出版，2000）

「なっとくする微積分」（講談社，2001）

「数を数えてみよう」（日本評論社，2004）

「代数方程式とガロア理論」（共立出版，2006）

「算数から始めよう！ 数論」（岩波書店，2011，翻訳）

「集合・写像・論理」（共立出版，2012）

「問題を解こう！ 正しい解答へのアプローチ」（日本評論社，2012）

数学への招待シリーズ

分数と小数から広がる整数の世界
～フェルマーの小定理からアルチン予想まで～

2016年12月10日　初版　第1刷発行

著　者　中島 匠一

発行者　片岡 巖

発行所　株式会社技術評論社
　　　　東京都新宿区市谷左内町21-13
　　　　電話　03-3513-6150　販売促進部
　　　　　　　03-3267-2270　書籍編集部

印刷・製本　昭和情報プロセス株式会社

定価はカバーに表示してあります。

本書の一部、または全部を著作権法の定める範囲を超え、無断で複写、複製、転載、テープ化、ファイルに落とすことを禁じます。

©2016 中島 匠一

造本には細心の注意を払っておりますが、万が一、乱丁（ページの乱れ）や落丁（ページの抜け）がございましたら、小社販売促進部までお送りください。送料小社負担にてお取り替えいたします。

●装丁
　中村友和（ROVARIS）

●本文デザイン、DTP
　株式会社 RUHIA

ISBN978-4-7741-8528-6　C3041
Printed in Japan